기초에서 임상까지
재미있게 따라하는

미생물실험서

보무각

❖ 공저자

유　민(계명대학교 생물학과 교수)

김병오(경북대학교 생태자원응용학부 교수)

이혜영(연세대학교 임상병리학과 교수)

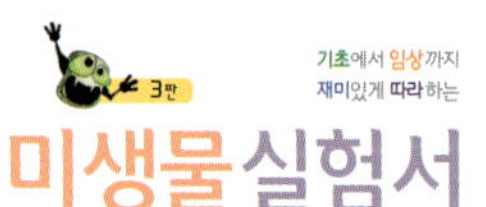

3판발행　2020년 3월　5일
초판발행　2007년 1월 10일

지은이　유　민·김병오·이혜영
펴낸이　이호동
발행처　보문각
블로그　http://bomungak.blog.me
e-mail　bomungak@naver.com
주소　서울시 서초구 바우뫼로7길 8
등록번호　302-2003-00085
전화　02)468-0457
팩스　02)468-0458

값 18,000원

ISBN　978-89-6220-394-3　93470

인 사 말

21세기를 흔히 "바이오테크의 시대"라 말합니다. 유전공학과 줄기세포, 그리고 생명복제에 이르기까지 어지러울 정도로 첨단 용어들이 혼재하고 있는 시기입니다. 과거에는 공상과학 영화에서나 볼 수 있었던 엄청난 이야기들이 벌써 우리 생활에 밀접하게 들어와 있습니다.

엄밀히 따지면 생명공학은 1978년에 인슐린 유전자를 대장균에 주입함으로써 시작되었습니다. 생명공학의 기본 전략은 먼저 유전자가 비교적 단순한 미생물에 대해 이해를 높인 다음, 같은 이론과 기술을 차례로 진핵세포에 확대 적용하는 것입니다. 때문에 미생물공학은 곧 첨단 생명공학의 기본이라 할 수 있습니다.

본 실험서에는 미생물 기초실험부터 유전, 그리고 임상 및 감염미생물학에 이르기까지 꼭 필요한 내용들만을 엄선하여 수록하였습니다. 따라서 미생물학과, 생물학과, 공중보건학과, 식품학과, 임상병리학과 등 다양한 학과에서 교재로 사용할 수 있을 것입니다. 학생들의 이해를 돕기 위하여 기초적인 실험과정을 보여주는 그림들도 첨가하였습니다. 교재를 따라 실습하는 동안 학생들은 쉽고도 체계적으로 미생물실험에 대한 응용력을 습득하게 될 것입니다. 교수님은 필요한 부분만을 선택하여 강의할 수도 있고, 실험실 형편에 따라 한 가지 실험을 두 번 또는 세 번에 나누어 강의해도 좋을 것입니다.

막상 책을 만들어 놓고 보니 처음 의도와는 달리 부족하고 어려운 점이 많다는 것을 스스로 느낍니다. 이런 부분들에 대해서는 많은 의견을 청취하고, 빠른 시일내에 수정본을 만들어 보완하겠습니다. 본 실험서에 제시된 균주와 배지, 기타 필요한 재료들은 저자에게 연락을 주시면 즉시 도와드리겠습니다.

끝으로 책이 나올 때까지 아낌없는 지원을 보내주신 보문각의 이호동 사장님과 계명대학교, 상주대학교, 그리고 연세대학교의 모든 도우미 선생님들께 감사를 드립니다.

저자일동

목차

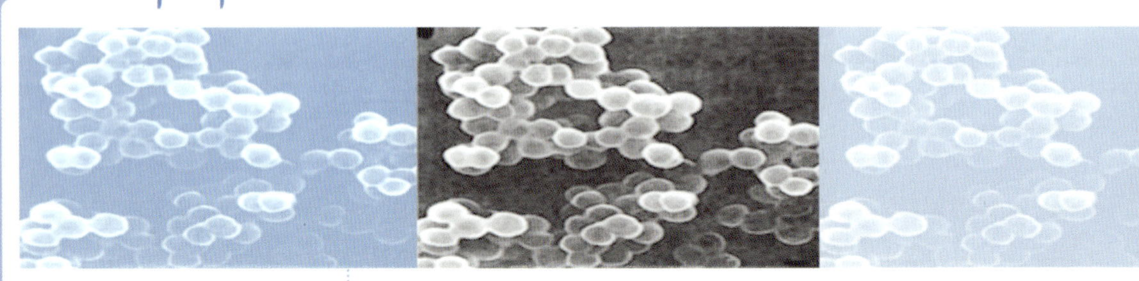

Contents

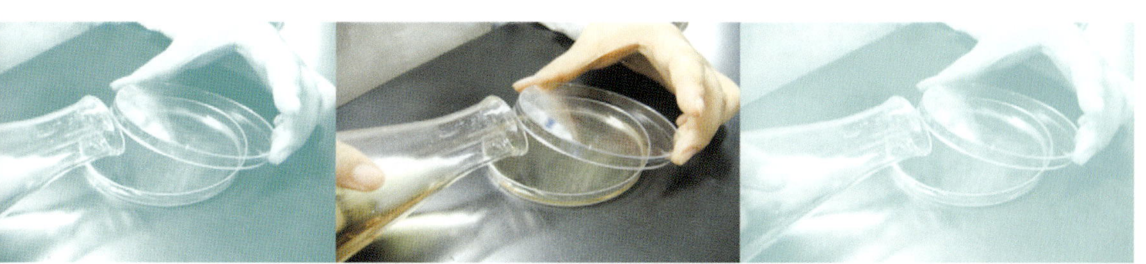

실험실 안전수칙

눈에 보이지도 않을 정도로 작기 때문에 그 존재를 보통 잊고 있는 생명체가 바로 미생물(microorganism)이다. 미생물은 극지방에서 온천에 이르기까지 지구상 모든 곳에 서식하고 있으며 심지어는 우리 소화관에서도 발견이 된다. 그 종류도 세균(bacteria)과 곰팡이(fungi)를 비롯해 아주 다양하다. 대표적인 세균은 대장균(*E. coli* : *Escherichia coli*)이다. 미생물은 스스로 살아가기 위해서 다른 생명체에 기생하거나 공생하기 마련인데 그 결과가 우리에게 미치는 영향에 따라 "유용미생물"과 "병원성미생물"로 나누어진다. 예를 들어 유산균(lactic acid bacteria)은 우유의 젖당(lactose)을 분해하여 요구르트(yoghurt)를 만들어 주는 유용세균인 반면 대장균은 소화기 장애를 유발하는 병원성세균이다.

미생물실험에 임할 때는 모든 미생물이 일단 병원성이라고 가정해야 한다. 그리고 그에 상응하는 주의와 청결 유지가 항상 요구된다. 실험에 앞서 기본적인 안전수칙과 주의할 내용 몇 가지를 다음과 같이 정리하였다.

a. 실험실에서는 반드시 실험복(lab coat)을 착용한다. 실험복은 세균의 침투를 막아주는 가장 바깥쪽의 보호막이다. 또한 시약이 튀어 의복이 훼손되는 것을 막아준다.

b. 실험복을 입고 밖으로 나가지 않는다. 실험복에는 병원균이 묻어있다고 가정해야 하며, 이 병균을 사방에 퍼뜨리지 않기 위해서이다.

c. 모든 시약(chemicals)과 시료(sample)를 취급할 때는 반드시 일회용 장갑(disposable glove)을 착용해야 한다.

d. 일회용 기구와 초자기구, 시약은 모두 멸균하여 사용한다.

e. 실험실에서는 마시거나 먹는 행위를 금지한다. 음식을 통해 병원균이 체내로 침투할 수 있기 때문이다.

f. 실험 중 상처를 입었을 경우에는 반드시 감독자에게 보고하여 적절한 조치를 받아야 한다.

g. 실험 장소는 항상 깨끗하게 정리해서 만약 오염이 되면 금방 알아챌 수 있어야 한다. 실험 중 시료가 묻거나 튄 자리는 소독액으로 깨끗하게 닦아낸다.

h. 실험에 사용한 일회용 기구(disposable materials)와 쓰레기는 따로 모은다. 고체는 소각하고, 액체는 소독액(disinfectant)을 혼합해서 싱크에 흘려보낸다.

i. 실험이 끝난 후에는 반드시 소독액과 비누로 손을 깨끗하게 씻는다.

j. 사용한 장비와 용액은 실험이 끝나면 제자리에 원위치 시킨다 .

k. 실험실 사용일지를 기록하고 감독자에게 이상 유무를 보고하여 확인받은 뒤 퇴장한다.

제1장 미생물 기초실험

제1과 광학현미경(Light Microscopy)

제2과 배지 만들기와 콜로니(Colony) 관찰

제3과 세균의 순수 분리

제4과 세균 염색 및 관찰

제5과 세균의 크기 측정

제6과 세균의 생장곡선(Growth Curve)

제7과 미생물의 산업적 응용 : 요구르트 만들기

제 1 과

광학현미경(Light Microscopy)

목적

a. 현미경 각부의 명칭(국문 및 영문)과 구조를 이해하고 바른 사용법을 인지한다.
b. 현미경을 자유자재로 사용할 수 있을 때까지 반복 조작하여 연습한다.

이론 및 배경

대표적 미생물인 대장균의 경우 크기가 5㎛도 채 안되기 때문에 현미경(microscope)의 도움 없이는 관찰이 불가능하다. 최초의 현미경을 언제 누가 만들었는지에 대해서는 가설이 분분하지만 1680년경 A. van Leewenhoek가 본격적으로 미생물 관찰을 시작하였다는 데에는 의견이 일치하고 있다. 당시의 현미경은 사실상 돋보기 수준에 불과하였다고 전해진다.

학생들이 실험실에서 흔하게 접하는 현미경은 광학현미경(light microscopy)이다. 광학현미경은 2종류의 렌즈-대안렌즈(ocular lens)와 대물렌즈(objective lens)-를 이용해서 미생물을 육안으로 관찰할 수 있을 정도까지 확대하는 장치이다. 종류에 따라 기능도 다양하지만 보통은 상(image)을 100~3,000배 정도 확대할 수 있다.

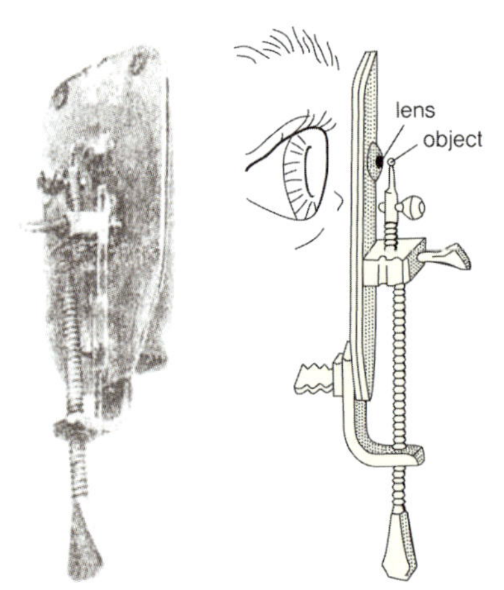

〈그림 1-1〉 Leeuwenhoek가 사용한 현미경

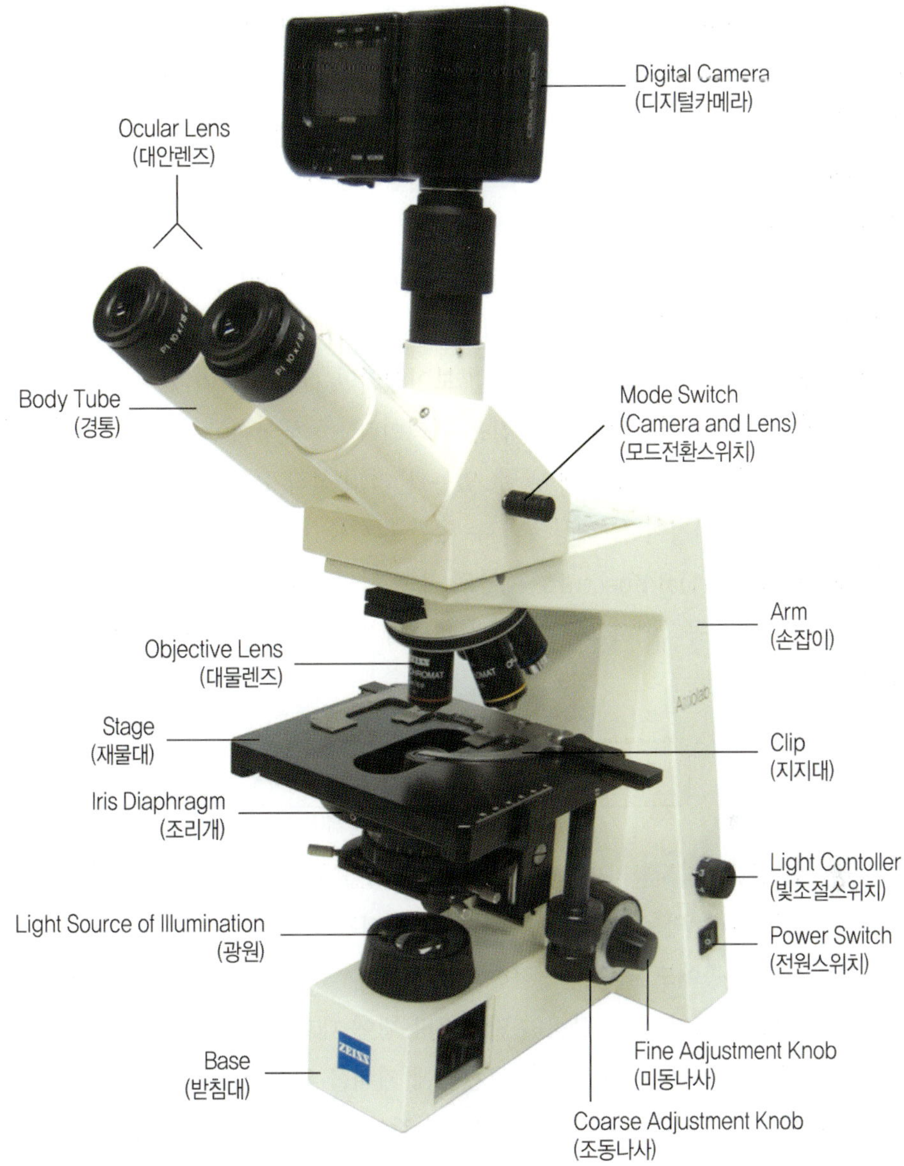

〈그림 1-2〉 현미경 구조와 각부의 명칭

대물렌즈에 의해 확대된 상(image)은 경통(body tube)을 거쳐 대안렌즈로 전달되고 여기서 다시 한 번 확대되어 육안 관찰이 가능하게 된다. 워낙에 작은 물체를 확대하다 보니 투과되는 빛의 양이 부족하기 마련이고, 이를 보충하기 위해 조리개(iris diaphragm)를 이용하거나 별도의 광원(light source)을 사용하기도 한다. 정확한 영상이 맺히도록 하기 위하여 조동나사(coarse adjustment)와 미동나사(fine adjustment)를 이용해 초점(focus)을 조절할 수 있다. 만약 영상을 1,000배 이상 확대한다면 오일(immersion oil)을 사용하는 것이 좋다. 빛이 분산되는 것을 막아서 명료한 상이 맺히도록 도와주기 때문이다.

현미경의 중요한 기능 중 하나는 해상력(resolving power)이다. 해상력이란 나란히 위치한 두개의 사물을 일정한 거리에서 구별해내는 능력이다. 10cm 떨어져 있는 두개의 공을 1km 밖에서 보면 마치 붙어있는 것처럼 보이겠지만 가까이 다가가서 보면 서로 떨어져 있는 것이 분명하게 구분되는 것과 같은 원리이다. 즉 해상력은 "일정한 거리에서 얼마나 가까운 두개의 물체를 구별해 낼 수 있는가"의 수식적 표현이다. 이 길이가 짧을수록 해상력이 좋은 현미경이다. 해상해낼 수 있는 길이를 계산하는 수학적 공식은 광선의 파장을 개구치(numerical apecture, NA)로 나눈 것의 절반이다. 개구치는 보통 대물렌즈에 표시되어 있다. 공식에서 보는 것처럼 개구치가 클수록 해상력이 좋아지는 것을 알 수 있다.

해상거리 = 광선의 파장 / 2 X NA

최근에는 현미경에 디지털카메라를 부착시켜서 상을 촬영할 수도 있고, 컴퓨터 파일로 전송하여 편집도 할 수 있는 부가 기능이 추가된 현미경들이 많다.

현미경은 작은 진동에도 초점이 민감하게 흔들릴 수 있고 또 렌즈가 파손될 수도 있는 정밀한 기기이다. 게다가 비싼 장비인 만큼 사용법에 대한 철저한 이해와 주의, 그리고 사용 후의 관리가 필요하다. 현미경은 보관함에 커버를 덮어서 보관하고, 꺼낼 때는 한 손으로 밑을 받치면서 다른 손으로 손잡이를 꼭 잡아야 한다. 현미경을 옮길 때에는 양팔을 몸에 바짝 붙여서 흔들리지 않도록 주의한다.

현미경 렌즈는 사용이 끝나면 렌즈전용 페이퍼(lens paper)로 청결하게 닦는다. 특히 오일을 사용했다면 xylene을 종이에 묻혀 닦아내도록 한다. 대물렌즈는 가장 낮은 배율 쪽으로 돌려놓고 경통을 최대한으로 내린다. 재물대(stage)는 중앙에 위치시키고 만약 광원을 사용했다면 전원을 끄도록 한다. 현미경은 커버를 씌워 보관함에 원위치 시키고 사용일지를 작성한다.

실험재료

a. 미생물 표본
b. 광학현미경
c. Slide glass
d. Cover glass
e. Immersion oil
f. Lens paper
g. Xylene
h. 디지털카메라 또는 컴퓨터 영상장치

참조 미생물 표본은 실험실에 보관된 각종 균도 좋고 요구르트를 구입해 유산균을 관찰해도 좋다.

실험방법

a. Slide glass 위에 요구르트를 한 방울 떨어뜨려 도말(smear)하고 cover glass를 살짝 덮는다.

b. Slide glass를 재물대 위에 올려놓고 지지대로 고정시킨 다음 조종간(stage knob)을 이용해 중앙에 위치시킨다.

c. 대부분의 광학현미경은 여러 개의 대물렌즈를 원통으로 돌리면서 선택할 수 있게 되어 있다. 처음에는 낮은 배율로 시작하여 점차 높여가도록 한다.

d. 대물렌즈가 cover glass에 살짝 닿을 정도까지 조심스럽게 경통을 아래로 밀어내린다.

주의 대안렌즈를 들여다보면서 내리다 보면 슬라이드와 렌즈를 깰 수도 있으니 조심해야 한다.

e. 대안렌즈로 들여다보며 조동나사를 이용해 경통을 천천히 들어 올린다. 일단 상이 잡히기 시작하면 미동나사로 더욱 정확하게 초점을 조절한다. 낮은 배율에서 상이 확실하게 잡히면 점차 높은 배율로 대물렌즈를 바꾸어가며 관찰한다.

f. 1,000배 이상의 확대가 필요할 때는 immersion oil을 사용하는 것이 좋다. 배율이 높

아질수록 상이 어둡게 되므로 광원을 따로 사용하거나 콘덴서(condenser)와 조리개를 적절히 이용하도록 한다.

g. 관찰이 끝나면 디지털카메라로 촬영하거나 컴퓨터로 전송하여 파일을 보관한다.

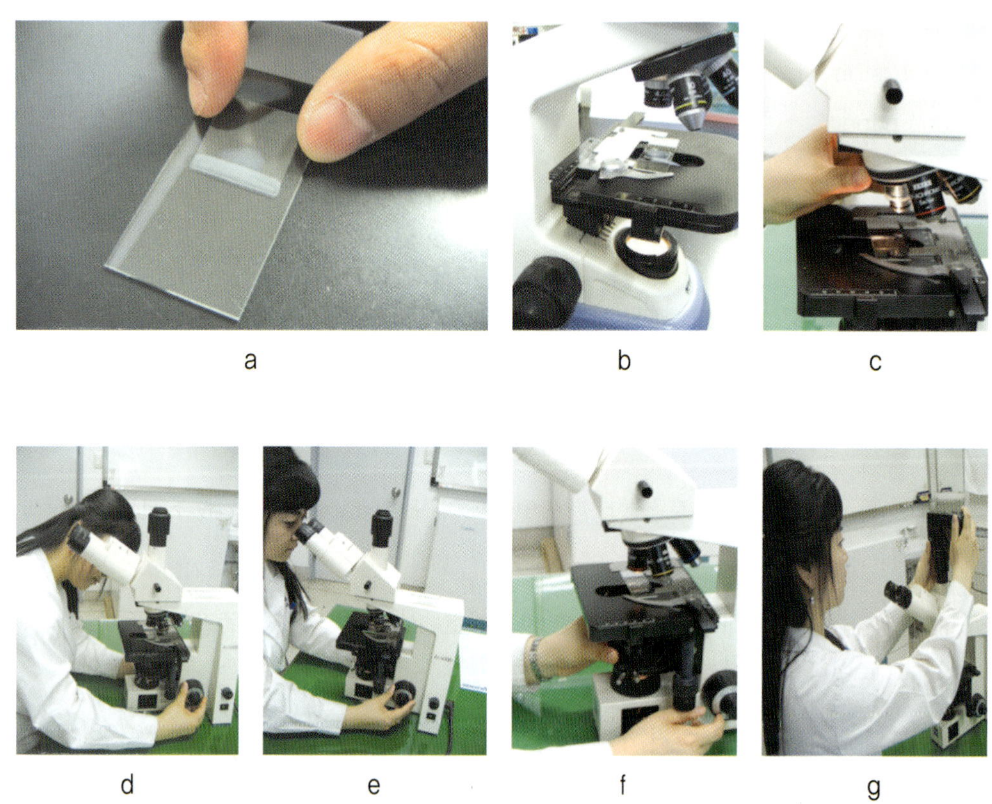

a b c

d e f g

용어정리

○ 현미경(microscope) : 미세한 사물을 확대하여 관찰하는 장치. 16세기말 경에 처음으로 발명되었다고 전해지나 확실하지는 않다. R. hooke, M. Malpighi 등이 대표적인 초기 현미경 과학자들이다. 현재 현미경은 그 목적과 기능에 따라 광학현미경, 편광현미경, 위상차현미경, 전자현미경 등 다양한 종류가 개발되어 있다.

WORK SHEET

실험일 : 200   .   .   .

실험자 : ________________

〈실험결과〉

저배율 (X 300)

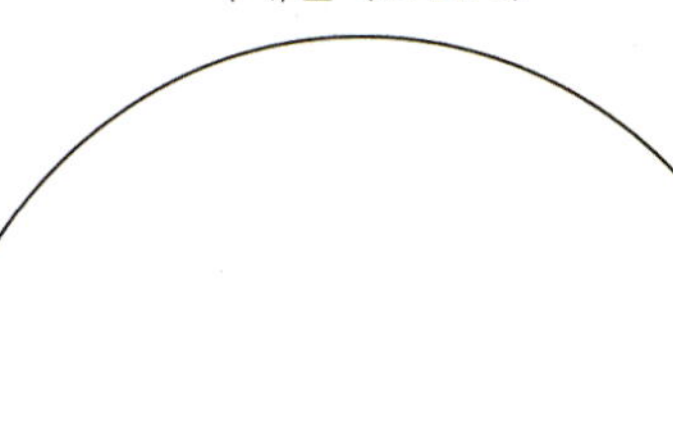

고배율 (X 1,000)

〈고찰〉

a. 현미경의 각 부분을 가리키면서 명칭과 기능을 말해 보시오.

b. 현미경으로 본다면 다음 글자가 어떻게 보일지 말해 보시오.

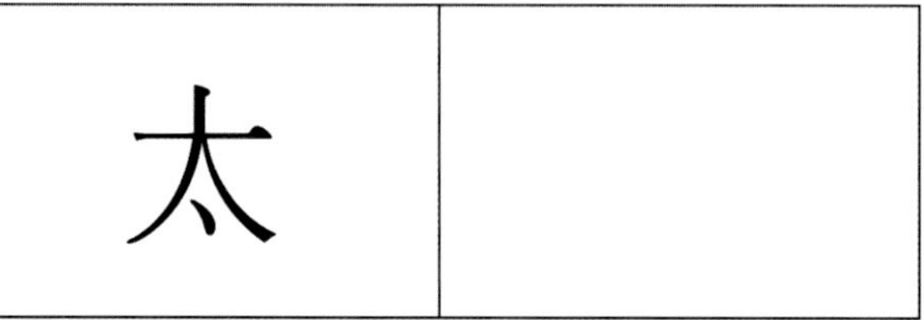

c. 단안현미경과 쌍안현미경의 장단점을 비교해 보시오.

d. 지급된 현미경의 NA와 해상력을 계산하시오.

제 2 과

배지 만들기와 콜로니(Colony) 관찰

목적

a. 세균 배양에 필요한 LB 배지와 MRS 배지를 만들어 보고 고압증기멸균(autoclaving) 하는 방법을 숙지한다.

b. 우리 생활 주변에 얼마나 많은 미생물이 살고 있는지 관찰해 본다.

이론 및 배경

미생물을 분리하고 보존하려면 적절한 배양조건이 필요하다. 세균은 배지(medium)에서 키우는데 이 배지에는 각종 영양소가 풍부하게 들어있어야 한다. 보통은 C, H, O, N, S, P의 제공원으로서 단백질과 탄수화물, 그리고 약간의 무기염류(mineral)를 필요로 하지만 특수한 활성인자가 추가로 필요한 경우도 있다. 다시 정리하면 영양소는 탄소원, 질소원, 무기염류 및 생리활성인자로 나누어진다. 탄소원에는 전분(starch), 포도당(glucose), 설탕(sugar) 등이 있고 질소원에는 단백질(protein), 아미노산(amino acid),

요소(urea) 등의 유기질소원과 질산염, 암모늄염 등의 무기질소원이 있다. 무기염류에는 Na^+, Ca^+, K^+, Cl^- 등이 있고 생리활성물질에는 비타민, 혈청 등이 있다.

동식물에서 추출한 재료를 그대로 사용하는 배지를 천연배지(natural medium)라 부르고, 인공적으로 각종 영양소를 조합하여 만든 배지를 합성배지(synthetic medium)라 부른다. 실험실에서는 보통 합성배지를 사용한다. 배지는 액상배지(broth, liquid medium)와 고체배지(solid medium)의 두 종류가 있는데, 고체배지는 액상배지에 아가(agar)라 불리는 한천을 첨가하여 고형화시킨 것이다. LB 배지는 실험실에서 가장 흔하게 사용되는 것으로 주로 대장균 배양에 이용되지만 일반 잡균도 배양할 수 있다.

세균은 모양에 따라 구균(cocci), 간균(bacilli), 나선균(spirillae)의 세가지로 분류한다. 구균은 원형세포인데 그 배열상태에 따라 쌍구균(diplococci), 연쇄상구균(streptococci), 포도상구균(staphylococci) 등으로 다시 세분한다. 간균은 막대모양으로 길고 폭이 좁다. 나선균은 나사 또는 스프링 모양으로 꼬여 있으며 운동성이 있는 경우가 많다.

실험재료

a. 미생물 시료(하수, 식수, 분변, 창틀먼지 등)
b. Bacto-tryptone
c. Yeast extract
d. NaCl
e. 0.1N NaOH
f. Autoclave
g. Petri plate
h. 알코올램프
i. 삼각 spreader
j. 배양기(incubator)

실험방법

A. LB broth와 MRS broth 만들기

● LB Broth

비이커에 Bacto-tryptone 5g, yeast extract 2.5g, NaCl 5g을 혼합하고 전체 500㎖이 되도록 증류수를 첨가한다. 잘 저어 녹인 후 0.1N NaOH 용액을 조금씩 첨가하면서 pH 7.0이 되도록 조절한다.

● MRS broth

비이커에 peptone 10g, yeast extract 5g, glucose 20g, K_2HPO_4 2g, sodium acetate 5g, Triammonium citrate 2g, $MgSO_4 \cdot 7H_2O$ 0.2g, $MnSO_4 \cdot 4H_2O$ 0.05g, Tween 80 1㎖을 혼합하고 전체 1 liter가 되도록 증류수를 첨가한다. 잘 저어 녹인 후 0.1N NaOH 용액을 조금씩 첨가하면서 pH 6.8이 되도록 조절한다.

a. 만든 broth를 삼각플라스크에 붓고 알루미늄 포일로 뚜껑을 막은 뒤 121℃에서 15분간 autoclaving한다.

b. 고체평판배지(plate)를 만들려면 액상배지에 1.5% (W/V) 되도록 agar를 첨가해 함께 autoclaving한다.

c. 47℃ 정도로 식혀서(손을 대어보아 너무 뜨겁지 않을 정도) plate에 두께가 4~5mm 정도 되도록 천천히 붓는다.

주의 빨리 부으면 기포가 생기므로 조심한다. 오염이 걱정되면 clean bench에서 작업해도 좋지만 보통은 알코올램프를 켜놓고 작업하는 정도로 충분하다.

d. 배지가 단단히 굳을 때까지 plate를 실험테이블 위에 방치한다.

e. 각자 LB plate와 MRS plate 5개씩 준비하여 밑바닥에 시료명, 실험날짜, 실험자 성명 등을 기재한다.

참조 만들어 놓은 plate는 4℃ 냉장고에서 약 3주간 보관 가능하다.

f. 아래의 미생물 시료들을 각각 LB와 MRS plate에 도말한다. 액체는 spreader로 잘 펼쳐 도말한다.

- 하수액 0.1㎖(환경세균)
- 공중낙하균 또는 창문틀 먼지(환경세균)
- 분변(장내세균)
- 식수 0.1㎖(식품미생물)
- 요구르트 0.1㎖(산업미생물)

g. Plate를 37℃ 배양기에 뒤집어서 넣고 15시간 이상 배양하여 자라 나오는 콜로니들을 관찰한다(색깔, 크기, 모양, 광택, 질감 등).

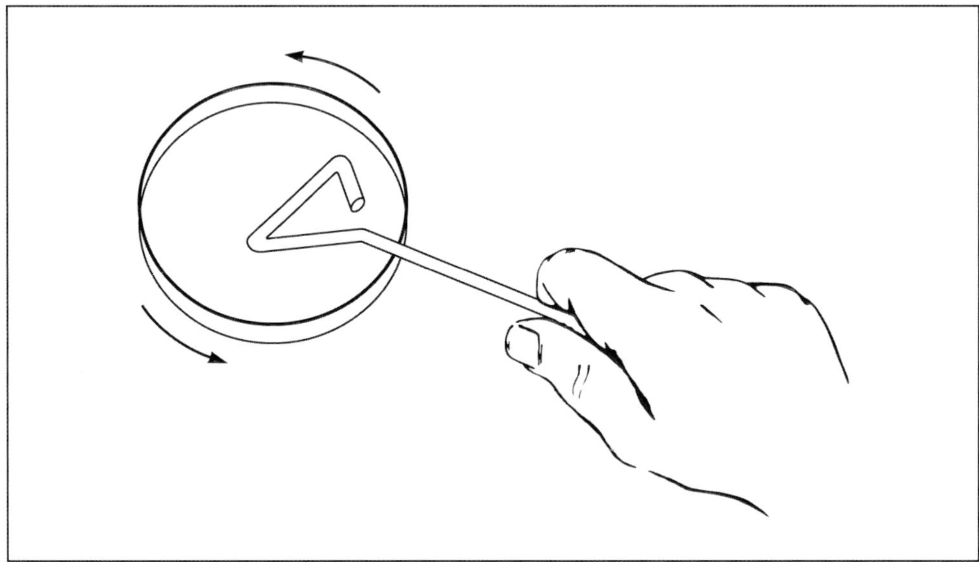

〈그림 2-1〉 삼각 spreader로 도말하는 모습

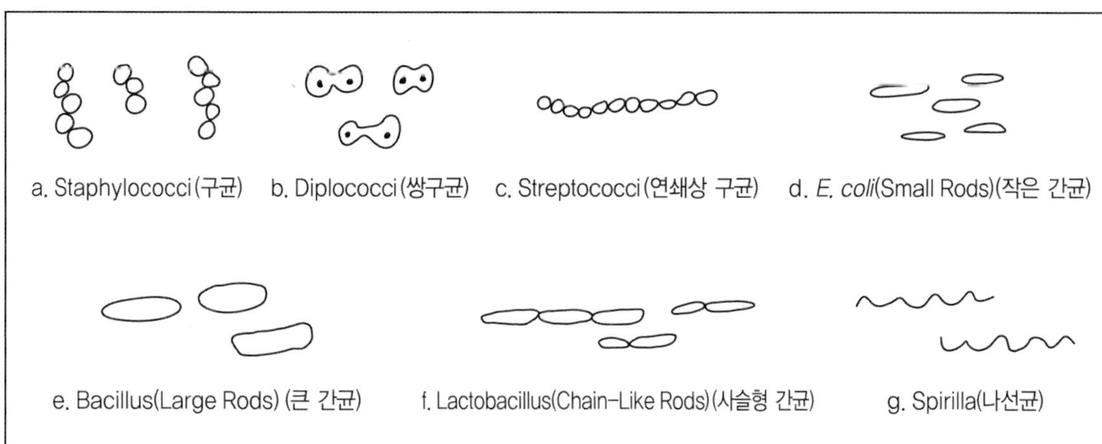

〈그림 2-2〉 여러 가지 세균의 모습

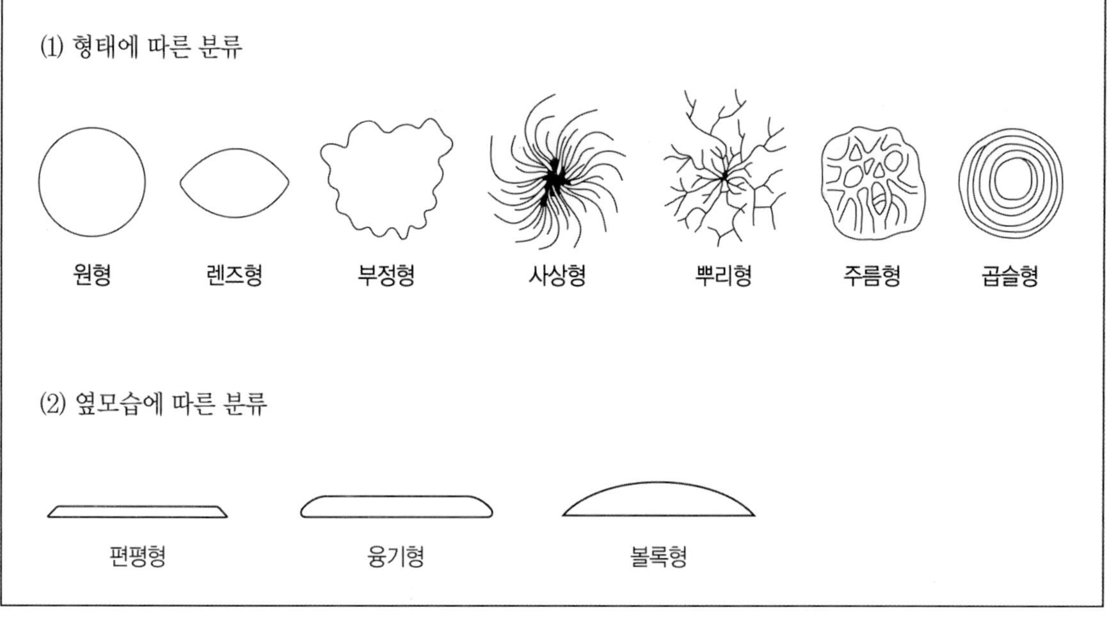

〈그림 2-3〉 여러 가지 colony의 모습

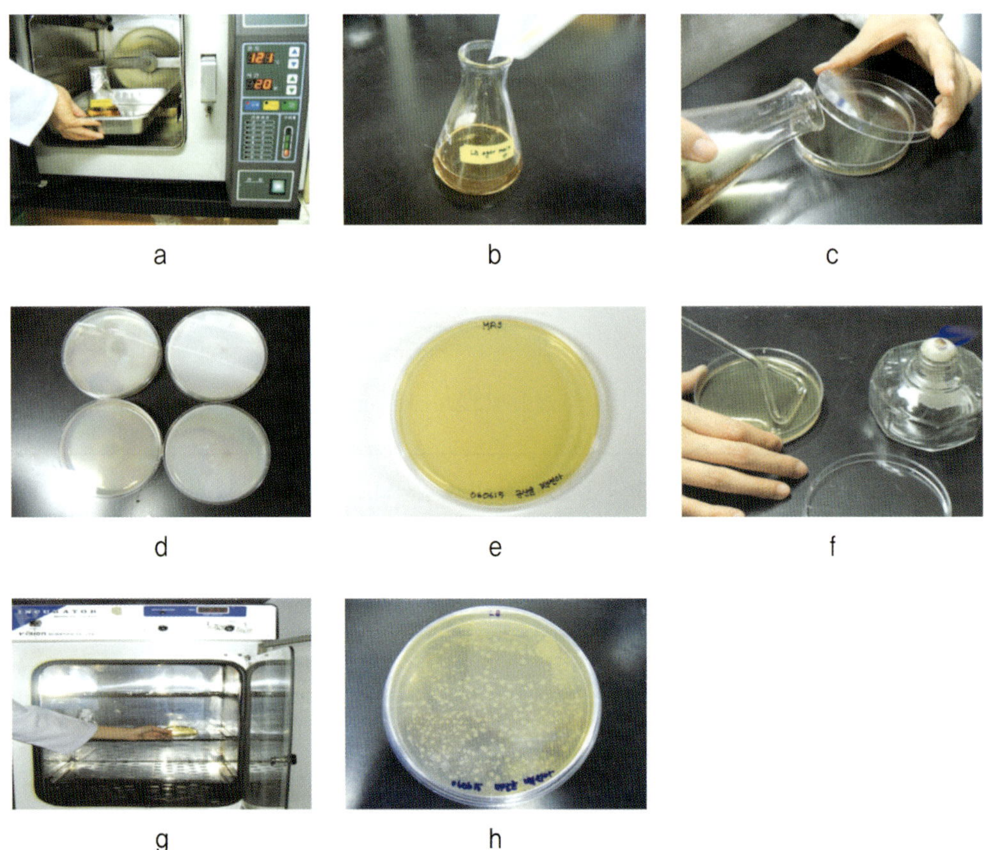

용어정리

○ **콜로니(colony)** : 세균이나 · 균류(菌類) 등이 고형배지에서 육안으로 확인할 수 있을 정도의 집단을 형성한 것. 콜로니는 하나의 세포가 성장하면서 형성한 집락이므로 하나의 콜로니에는 동일한 유전형질을 지닌 세포들이 모여있게 된다. 콜로니의 크기, 모양, 빛깔, 투명도 등을 관찰하여 균주를 동정하는 데 이용할 수 있다.

○ **아가(agar)** : 홍조류의 세포벽에서 발견되는 갈락토오스와 그 갈락토오스 유도체로 구성된 점질성다당이다. 한천이라고도 부르며 보통 우뭇가사리에서 추출해낸다. 찬물에는 녹지 않지만 온도를 높이면 점차 녹아서 액상(sol)이 되고, 다시 온도를 내리면 고체인 겔(gel)이 되는 특징이 있다. 식품 제조나 세균배양에 널리 사용된다.

○ **페트리 플레이트(Petri plate)** : Petri dish, 또는 샬레(Schale)라고도 한다. 엷은 유리나 플라스틱으로 만든 원형의 접시와 그 뚜껑으로 된 한 쌍의 용기이다. 독일의 R. J. Petri가 고안한 것으로 미생물 배양에 주로 사용된다.

WORK SHEET

실험일 : 200 . . .

실험자 : ____________

〈실험결과〉

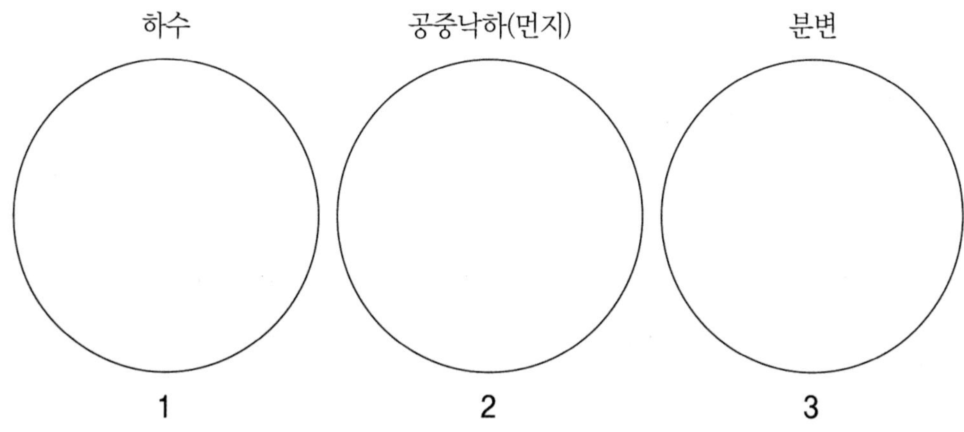

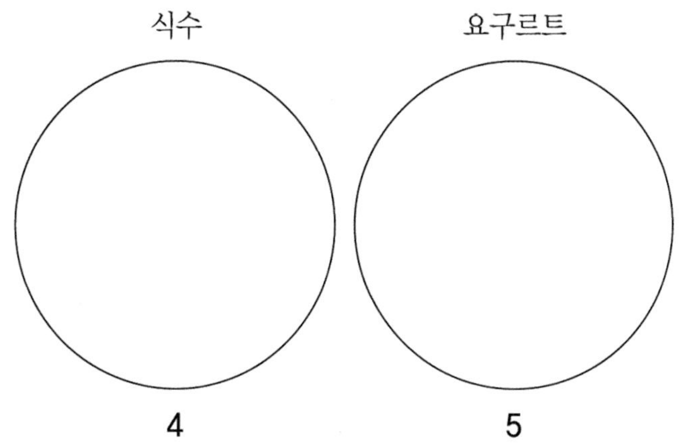

〈고찰〉

a. 각각의 콜로니에서 균을 채취하여 현미경으로 관찰하시오. 그리고 그 균이 형태학적 분류상 무엇에 속하는지 말해보시오.

b. 유산균은 LB와 MRS 배지 모두에서 잘 자라나는지 관찰하시오. 어느 한쪽에서만 자랐다면 그 이유는?

c. 배양기에 plate를 뒤집어서 넣는 이유는?

d. 성명, 시료명, 날짜 등을 plate 밑바닥(뚜껑이 아닌)에 기재하는 이유는?

제3과

세균의 순수 분리

목적

원하는 균을 순수하게 분리해내는 streaking 방법을 연습한다

이론 및 배경

미생물 실험에서 가장 중요한 것은 실험대상인 균이 다른 균들에 의해 오염되거나 서로 섞이지 않도록 유지, 보관하는 것이다. 그러나 아무리 주의해도 균은 눈에 보이지 않기 때문에 종종 오염될 수 있는데 이럴 때 원하는 균을 순수하게 분리해내는 방법이 바로 스트리킹(streaking)이다. Streaking은 멸균한 이쑤시개나 백금이(loop)를 사용해서 plate 위에 균액을 단계적으로 도말해 나가는 방법이다. Streaking의 결과는 콜로니(colony)로 관찰되는데 각각의 콜로니는 한 마리의 균이 계속 분열하여 만들어진 것이므로 유전적으로 당연히 순수할 수밖에 없다. 균에 따라 색깔이나 모양이 다른 콜로니를 형성하기 때문에 streaking을 하고 나면 혼합균액에서 순수한 균들을 따로 분리해 낼 수가 있다.

실험재료

a. 시판되는 요구르트(제품마다 사용한 균주가 다르므로 다섯 개 이상 구입한다)
b. MRS plate
c. 멸균한 이쑤시개 또는 백금이(loop)
d. 알코올램프
e. 배양기

실험방법

주의 모든 작업은 가능한 알코올램프 근처에서 실시하여 공중낙하하는 균의 오염을 방지한다.

a. MRS plate를 다섯 개 준비한다. 요구르트 제품 당 plate 하나씩 사용한다. 밑바닥에 시료이름, 실험날짜, 실험자성명 등을 기재한다.

b. 알코올램프에 불을 붙인 다음 백금이를 화염멸균한다.

c. MRS 배지에 멸균한 백금이를 살짝 대어 식혀준다.

d. 균액(요구르트)을 백금이로 찍어 그림 2의 ①과 같이 streaking한다.

e. 백금이를 다시 멸균시키고, 식힌 뒤 ①의 끝부분과 조금 겹치도록 그림 2의 ②와 같이 streaking한다.

f. 백금이를 다시 멸균시키고, 식힌 뒤 ②의 끝부분과 조금 겹치도록 그림의 ③과 같이 streaking한다.

g. 배양기에 plate를 거꾸로 집어넣고 37℃에서 15시간 이상 배양한다.

h. 콜로니를 관찰한다. 독립적으로 자라 나오는 콜로니가 순수분리된 균이다.

주의 Streaking을 할 때 너무 힘을 주면 배지가 파이게 되므로 주의한다.

참조 자라나온 균은 4℃ 냉장고에서 한달 정도 보관이 가능하다.

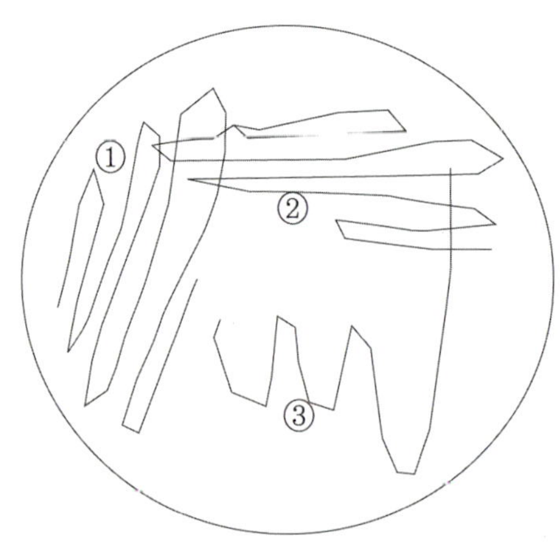

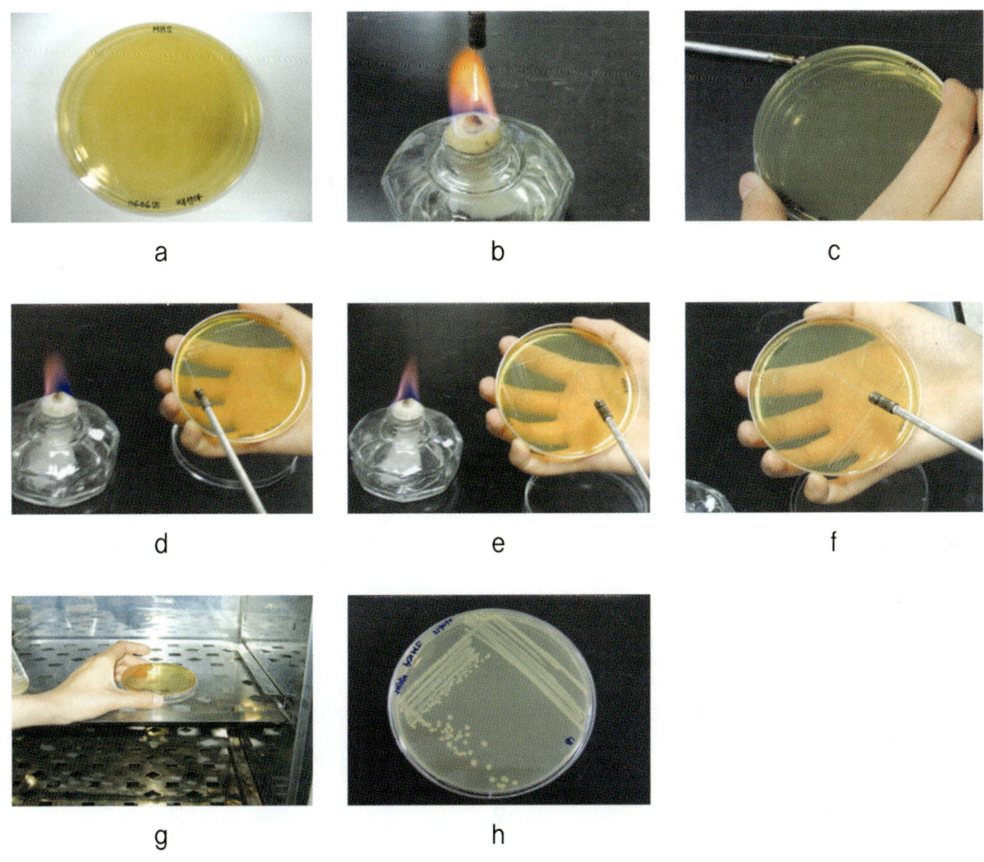

용어정리

○ **백금이(loop)** : 기다란 금속막대에 백금을 5~6cm 길이로 꽂고, 그 끝을 원형으로 동그랗게 말아올린 기구. 미생물을 배양하기 위해서 찍어 올리거나 도말할 때 주로 사용된다. 최근에는 백금대신에 값이 싼 텅스텐이나 니켈을 사용하기도 한다.

WORK SHEET

실험일 : 200　.　.　.

실험자 : ________________

〈실험결과〉

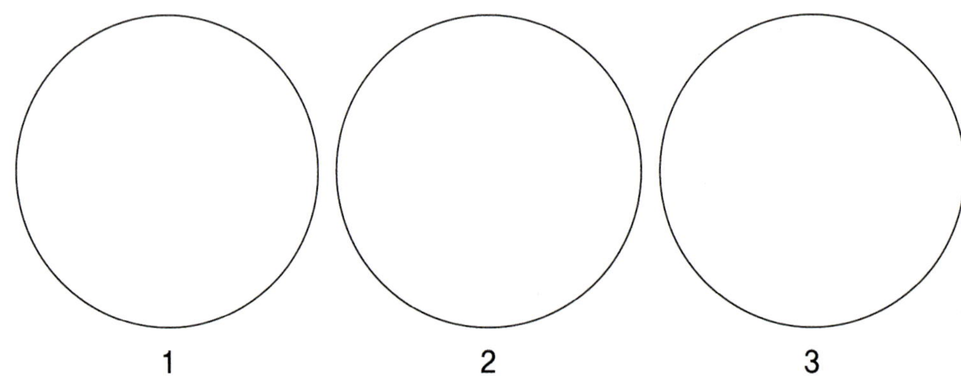

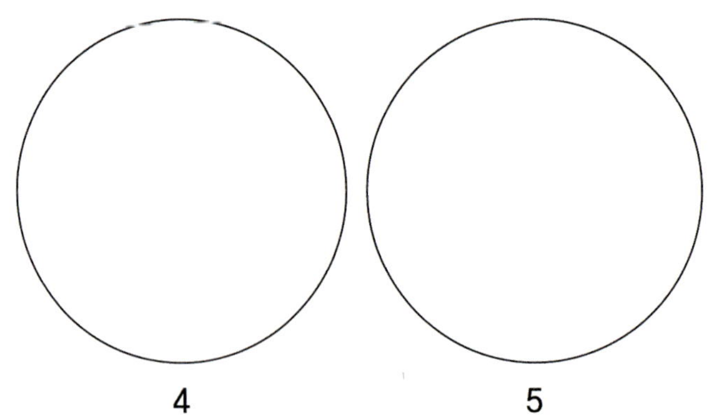

〈고찰〉

a. LB 배지를 이용해서 대장균도 streaking해보자.

b. 단일균이 잘 분리될 때까지 연습을 반복하자.

c. 매단계마다 백금이를 새로 멸균하는 이유는?

제4과

세균 염색 및 관찰

목적

a. Gram 염색의 원리와 방법을 숙지한다.

b. Gram 양성균과 Gram 음성균을 관찰하여 미생물 분류의 기본을 익힌다.

이론 및 배경

"Gram 염색(staining)"은 1884년에 덴마크 내과의사인 Christian Gram이 개발한 염색 방법이다. 이 방법은 아직까지도 미생물을 쉽고 빠르게 구별하는 기본 기술로 애용되고 있다.

미생물은 다소 불투명하기 때문에 염색이 없어도 관찰 가능하다. 그리고 운동성을 관찰하고 싶다면 염색없이 시료를 그냥 관찰해야 한다. 그러나 형태를 보다 선명하게 관찰하려면 적절한 시약으로 염색을 하는 것이 권장된다. Gram 염색은 거의 모든 임상병리 실험에 기본적으로 사용되는 염색법이다. Gram 염색은 미생물의 모양과 크기를 쉽게 관찰할 수 있다는 것이 장점이다. Gram 염색 결과에 따라 모든 미생물은 양성(+)과 음성(-)의 두 종류로 나누어진다.

Gram 염색은 세포벽의 펩티도글리칸(peptidoglycan) 함유량에 따라 사프라닌(safranin O)의 투과성이 다른 것에 착안한 것이다. 펩티도글리칸은 세포벽을 단단하게 해주는 성분으로 삼투압 때문에 세포가 파괴되는 것을 방지해 주는 성분이다. Gram 양성균의 세포벽은 80~90%가 펩티도글리칸이며 Gram 음성균에 비해서 거의 5배나 두꺼울 정도이다. 전체적인 염색과정은 다음과 같다

염색단계		시약	색깔	비 고
제1단계	염색	crystal violet	자주색	Gram(+) 및 Gram(−) 모두 자주색으로 염색된다.
제2단계	착색	iodine		세포내에 crystal violet-iodine의 복합체 (CI 복합체)가 형성된다.
제3단계	탈색	ethanol		CI 복합체가 Gram(+)의 두꺼운 peptidoglycan을 뚫지 못해 세포내에 잔존한다. 반면 Gram(−)에서는 쉽게 빠져 나온다. 그 결과 Gram(+)는 자주색, 음성균은 백색이 된다.
제4단계	대조염색	safranin O	핑크색	Gram(+)은 영향을 받지 않아 여전히 자주색, Gram(−)은 핑크색으로 염색된다.

주의 Slide glass에 세포를 고정시킬 때 지나치게 강한 열처리를 하거나 염색 각 단계에서 세척을 너무 강하게 하면 Gram(+) 균에서도 crystal violet-iodine 복합체가 빠져나와 음성처럼 보일 수 있다.

실험재료

참조 대장균은 보통 Gram(−)이고 유산균은 대부분 Gram(+)이다.

a. 대장균(JM109, HB101 등)

b. *Lactobacillus* 균(요구르트에서 채취)

c. 현미경

d. Slide glass

e. Cover glass

f. 염색통

g. 염색시약

- 염색제 : crystal violet(2g), 95% ethanol 20㎖, ammonium oxalate(0.8g), 증류수 80㎖(실험직전에 혼합하여 여과지로 여과한 후 사용한다)
- 착색제 : iodine(1g), potassium iodide(2g), 증류수 300㎖
- 탈색제 : 95% ethanol 95㎖, 증류수 5㎖ (갈색병에 보관하여 빛을 차단)
- 대조염색제 : safranin O(0.25g), 95% ethanol 10㎖, 증류수 100㎖

실험방법

주의 염색시료가 사방에 튀지 않도록 가능한 배수구 근처에서 실시하는 것이 좋다. 그리고 실험복을 반드시 착용한다. 시판되는 염색통을 이용하면 보다 정확하고 청결하게 실험할 수 있다.

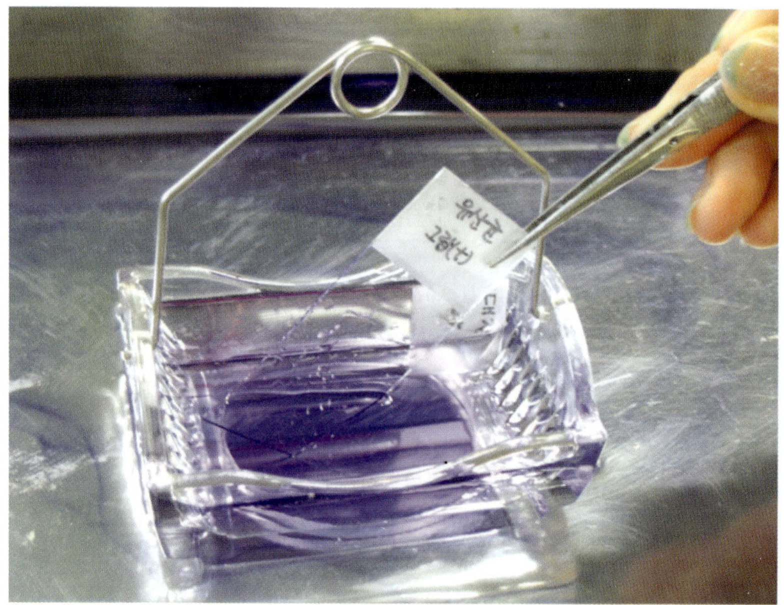

〈그림 4-1〉 염색통 사진

a. 미생물 시료를 slide glass에 편평하게 도말한 후 알코올램프로 살짝 건조시켜 고착시킨다.

b. Slide glass를 염색제에 60초간 염색한 다음 5초간 흐르는 물로 가볍게 세척한다. 시료는 자주색으로 보이게 될 것이다.

c. Slide glass를 착색제에 1분간 착색시킨 다음 5초간 흐르는 물로 가볍게 세척한다. 시료는 여전히 자주색으로 보일 것이다.

d. Slide glass를 즉시 95% ethanol에 담근다. Ethanol에 담그는 시간은 시료에 따라 다르다. 흐르는 물로 5초간 세척해 준다.

주의	너무 오래 담그면 탈색이 심해져 마치 Gram(−)인 것처럼 잘못 판정될 수 있고, 너무 짧게 담그면 탈색이 부족해 Gram(+)으로 잘못 판정될 수 있다. 육안으로 보아 시료에서 자주색 기운이 살짝 사라질 정도로만 딜색한다.

e. 마지막으로 대조염색을 실시한다. 대조염색 용액에 slide glass를 담그고 1분 정도 반응시킨다. Gram(+)균은 safranin이 거의 흡착되지 않아 여전히 자주색인 반면 Gram(−)균은 safranin 흡착으로 분홍색을 띠게 된다. 흐르는 물로 5초간 닦아낸 뒤 건조지 위에 올려놓고 공기 건조시킨다.

f. 염색된 표본을 장기간 보관하려면 xylene 용액에 담그어 기름을 제거하고 cover glass로 덮어 변색을 막는다.

g. 현미경으로 미생물의 모양과 색깔 등을 관찰한다.

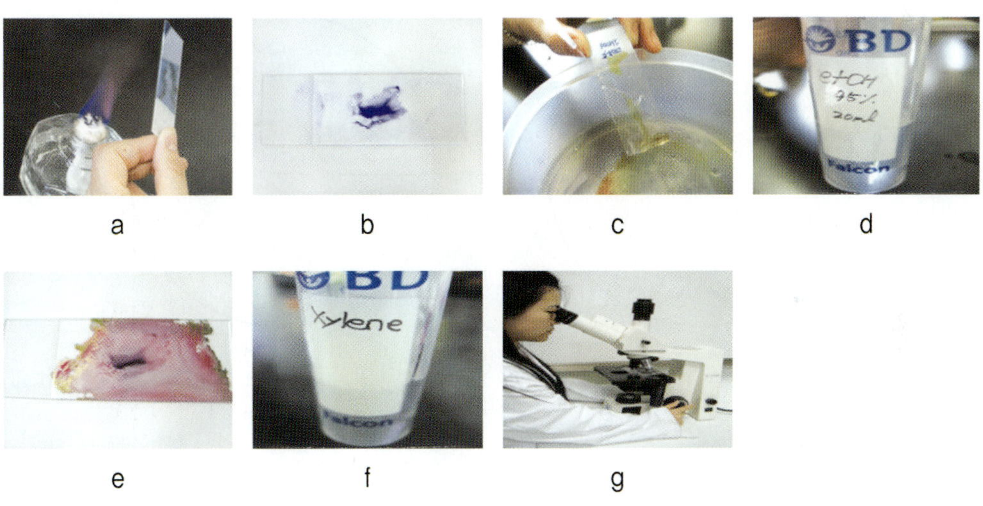

a b c d

e f g

용어정리

○ **펩티도글리칸(peptidoglycan)** : 다당류 사슬에 짧은 펩티드 사슬이 서로 결합한 형태의 화합물. 세균의 세포벽에서 발견되는 N-아세틸글루코사민(N-acetylglucosamine), N-아세틸뮤라민산(N-acetylmuramic acid) 등이 대표적인 펩티도글리칸이다. 세균으로 하여금 형태를 유지하고 강한 삼투압에 견딜 수 있도록 지지해주는 일종의 골격 역할을 한다

○ **유산균(lactic acid bacteria)** : 강력한 젖산발효를 하면서 산성에 대한 내성이 강하고 그람 양성을 나타내는 균들을 말한다. 모양은 구균, 간균 등 여러 가지가 있다. 동물의 장이나 김치에서 많이 발견되는데 건강식품 제조에 널리 사용되기 때문에 인체에 유용한 균주로 알려져 있다. 요구르트, 치즈 등을 제조하는 데 사용된다.

WORK SHEET

실험일 : 200 . . .

실험자 : ____________

〈실험결과〉

대장균
[Gram(−)]

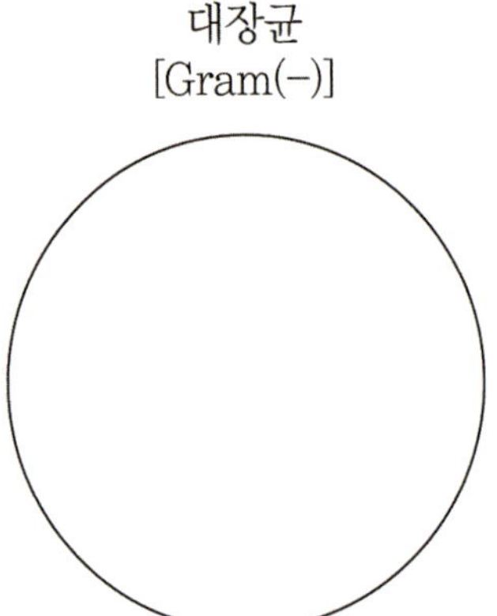

유산균
[Gram(+)]

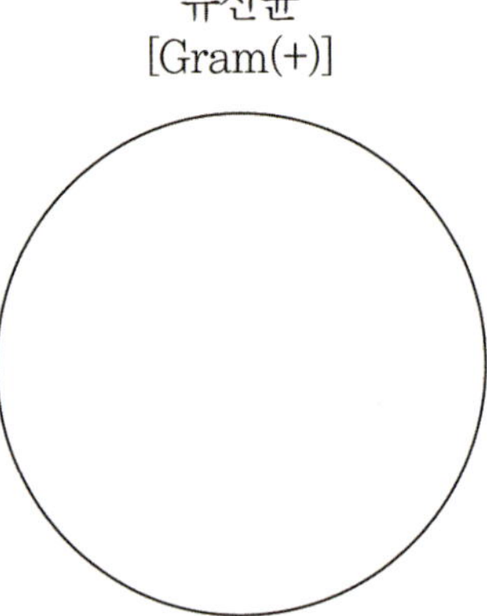

〈고찰〉

a. Gram 염색의 원리를 설명하시오.

b. 임상병리학적으로 중요한 균들을 구하여 Gram 염색을 실시해 보시오.

제5과

세균의 크기 측정

목적

미생물의 크기를 미터법으로 측정하는 방법을 숙지한다.

이론 및 배경

미생물의 크기는 측미계(micrometer)를 사용하여 측정할 수 있다. 측미계에는 대안측미계(ocular micrometer, 그림 5-1)와 대물측미계(stage micrometer, 그림 5-2)의 두 종류가 있다. 대물측미계는 눈금이 그어진 slide glass인데 한 눈금이 정확하게 10㎛이다. 대안측미계는 원형 유리판으로 대안렌즈에 삽입하게 되어 있다. 만약 대안렌즈 자체에 눈금이 그어져 있다면 별도의 대안측미계를 사용할 필요가 없다. 대물측미계가 정확한 크기를 나타내기 위한 것이라면 대안측미계는 대물측미계의 눈금과 비교할 목적으로 사용된다. 구균(coccus)은 크기를 보통 직경으로 나타내고, 간균(bacillus)은 길이와 넓이로 표시한다.

대안렌즈를 통해 대물측미계를 관찰하면 아래 그림과 같이 두 측미계의 눈금이 나란히 겹쳐지는 것을 볼 수 있다. 두 측미계의 눈금이 정확히 겹쳐지는 두 지점을 선택하여 각각의 눈금수를 센 다음 아래 공식에 대입하면 대안측미계 한 눈금의 길이를 계산해낼 수 있다.

대물측미계 눈금수 X 10㎛ / 대안측미계의 눈금 수

이제 대물측미계를 치우고 실제 미생물 표본을 관찰하면 대안측미계 눈금 몇 개에 그 미생물이 걸쳐있는지를 셀 수 있기에 크기를 계산하는 것이 가능하다. 예를 들어 아래 그림에서 두 측미계의 눈금이 정확히 일치하는 두 지점 사이에 대물측미계 눈금은 4개가 있고, 내안측미계 눈금은 20개이므로 대안측미계의 한 눈금은(그림 5-3) 2㎛(4 X 10㎛ / 20)에 해당한다. 관찰한 미생물이 총 7개 눈금에 걸쳐 있으므로(그림 5-4) 이 미생물은 크기가 14㎛(2㎛ X 7)이다.

〈단위표〉

1 meter	m	1 X 10^{0} m
1 centimeter	cm	1 X 10^{-2} m
1 millimeter	mm	1 X 10^{-3} m
1 micrometer	㎛	1 X 10^{-6} m
1 nanometer	nm	1 X 10^{-9} m
1 angstrom	Å	1 X 10^{-10} m
1 picometer	pm	1 X 10^{-12} m

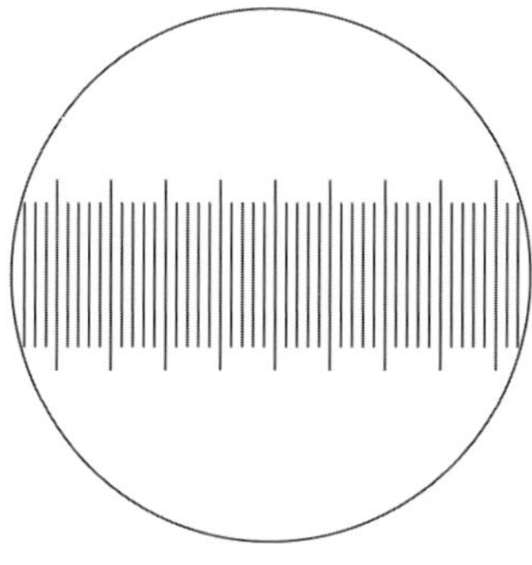

〈그림 5-1〉 대안측미계의 눈금

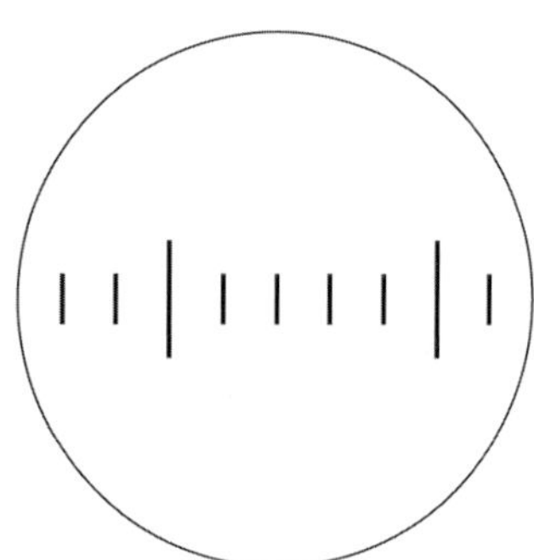

〈그림 5-2〉 대물측미계의 눈금

〈그림 5-3〉 대물측미계와 대안측미계의 눈금이 겹친 모습

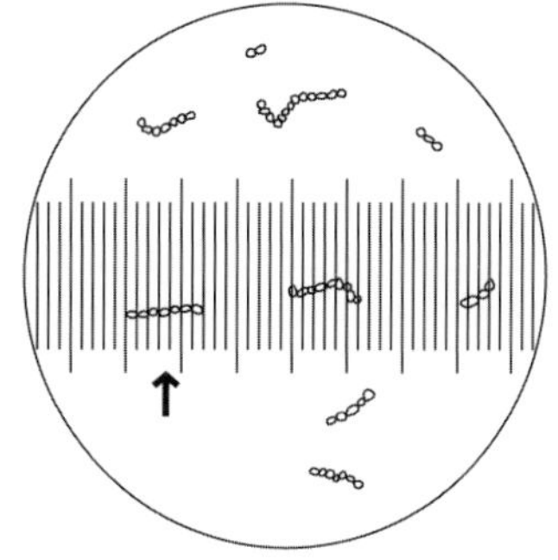

〈그림 5-4〉 대물측미계로 본 미생물의 크기

〈그림 5-5〉 대안측미계를 장착하는 모습

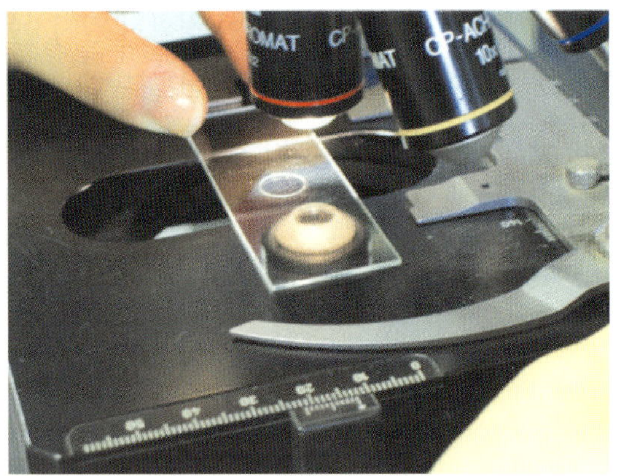

〈그림 5-6〉 대물측미계를 장착하는 모습

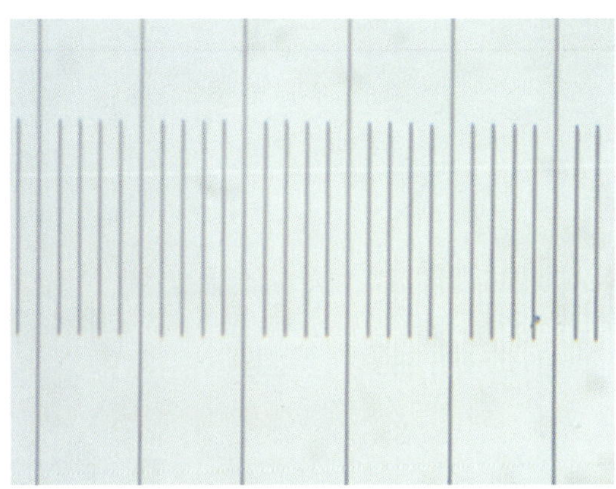

〈그림 5-7〉 현미경으로 본 대안측미계의 눈금 사진

실험재료

a. 광학현미경

b. 대안측미계 및 대물측미계

c. 미생물 표본 : 간균(*E. coli, Lactobacillus* 등)과 구균(*streptococcus* 등)

실험방법

a. 대안렌즈를 열고 그 안에 대안측미계를 장치한다.
b. 대물측미계를 재물대 위에 올려 놓는다.
c. 상이 정확히 맺히도록 초점을 조절한다.
d. 재물대와 대안렌즈를 움직여서 두 측미계의 눈금이 서로 나란히 되도록 위치를 조절한다.
e. 두 눈금이 서로 교차(일치)하는 두 점을 찾는다(굵은 선은 대물측미계이고 가는 선은 대안측미계이다).
f. 이 두 점 사이에 있는 측미계들의 눈금수를 세어 비교함으로써 대안측미계 한 눈금당 크기를 계산해 낸다(대물측미계의 한 눈금은 10㎛에 해당한다).

대안측미계 눈금당 크기 = 대물측미계 눈금수 X 10㎛ / 대안측미계 눈금수

g. 대물측미계를 제거하고 실제 미생물 시료를 설치하여 관찰한다.
h. 미생물이 걸쳐있는 접안측미계의 눈금수를 세어 크기를 계산해낸다.

미생물의 크기 = 대안측미계의 눈금 수 X 대안측미계 한눈금당 크기

용어정리

○ 측미계(micrometer) : 미세한 세균의 크기를 미터법으로 측정하기 위한 장치. 대물용과 대안용의 두 가지가 있다. 대물용은 슬라이드글라스에 미세눈금이 새겨진 것이고, 대안용은 렌즈에 직접 장착하도록 되어있다. 보통 세균의 크기는 ㎛로 표시된다.

WORK SHEET

실험일 : 200 . . .

실험자 : ________________

〈실험결과〉

a. 지급된 대안측미계 한 눈금의 크기를 계산하시오.

b. 관찰한 간균(*E. coli, Lactobacillus* 등)과 구균(*streptococuus* 등)의 크기를 계산하시오.

〈고찰〉

a. 미생물의 크기를 측정하는 원리를 순서대로 설명하시오.

b. 운동성이 있는 균은 크기를 어떻게 측정할 수 있을까?

제 6 과

세균의 생장곡선(Growth Curve)

목적

미생물의 성장과 분열과정을 이해한다

이론 및 배경

이분법(binary fission)으로 분열하는 미생물을 배양하면서 때때로 특정 시간대에 미생물 숫자를 결정해야 할 필요가 있다. 미생물의 숫자는 식수나 식품의 안전도를 나타내는 중요한 지표가 되기 때문이다. 요구르트 같은 발효유의 경우 균수가 일정 수준 이상이 되어야 식품법을 통과하기 때문에 그 숫자에 도달하기 위해 몇 일이나 배양해야 할 지 식품회사는 결정해야 한다. 반면에 대장균은 일정 숫자 이상이 되면 복통과 설사를 일으키게 된다.

새로운 배지에 접종을 하면 미생물은 4가지 단계를 거치면서 성장하게 된다. 미생물의 성장이란 분열하여 그 숫자가 늘어나는 것을 말한다. 접종 후 보통 30~60분 정도 미생물은 적응기(lag phase)를 거치게 마련이다. 그런 후 갑자기 지수적(exponential phase)으로 분열하기 시작한다. 이 시기는 미생물이 가장 활력있는 시기로 미생물과 배양조건에 따라 조금씩 다르다. 다음 시기는 정체기(stationary stage)로서 배양액내에 영양분이 소갈되기 시작하여 점차 분열속도가 떨어지는 시기이다. 마지막으로는 사멸기(death phase)로서 겉보기에 더 이상의 분열이 없이 숫자가 감소하는 시기이다. 생장곡선을 그리기 위해서는 미생물을 배양하면서 일정한 주기로 배양액에 들어있는 미생물 숫자를 세어야 한다.

실험재료

a. LB broth 25~50 mℓ

b. LB plate

c. 대장균

d. 삼각플라스크

e. 생리식염수

f. 시험관(tube)

g. Micropipette

h. Micropitette tip

i. Microfuge tube

j. Aluminum foil

k. Cell counter

l. Voltex mixer

m. Spreader

n. 배양기

실험방법

a. Microfuge tube 10개에 각각 0.9mℓ의 생리식염수(0.9% NaCl)를 분주한다.

b. LB broth에 대장균을 1% (V/V) 되도록 접종한다.

c. 균을 37℃ 배양기에서 배양하면서 매시간 마다 0.1mℓ씩 채취한다.

d. 미리 분주한 0.9mℓ 식염수에 더한 다음 voltex mixer로 잘 교반해 섞는다.

e. 여기에서 다시 0.1mℓ을 취하여 다음 0.9mℓ의 생리식염수에 더하는 방법으로 순차적 희석액을 10^{-1}~10^{-10}까지 준비한다. 매 단계마다 사용하는 피펫 팁을 교환한다.

f. 희석 배수만큼 LB plate를 준비하여 희석배수, 균주명, 실험날짜, 실험자성명 등을 기재한다

g. 전체 희석이 끝나면 원액 0.1mℓ과 단계별 희석액 0.1mℓ을 각각 취하여 LB plate에 떨어뜨리고 spreader로 균액을 골고루 분산시킨다.

h. 배양기에 plate를 뒤집어 넣고 밤새 키운 후 자라나는 콜로니의 수를 센다. 가장 마지

막 희석 단계의 콜로니 수를 세어 희석 배수를 곱한 뒤 다시 10을 곱하면 원액 1mℓ 당 생균수가 된다.

원액 속의 생균수 = 10 X 콜로니수 X 희석배수

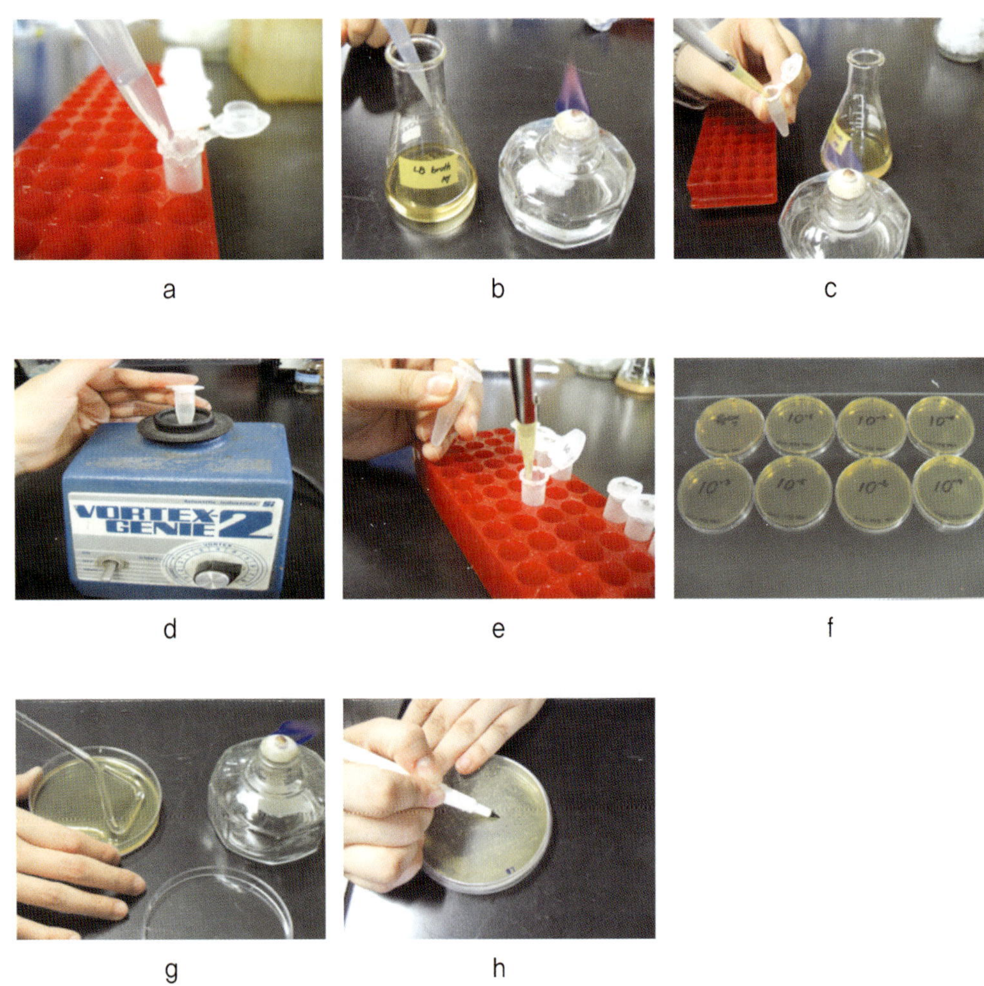

a b c

d e f

g h

용어정리

○ **이분법**(binary cell division) : 무성생식에 의해 세포가 그대로 둘로 갈라지는 현상. 분열에 앞서 세포질과 DNA, 세포소기관들의 복제가 이루어진다. 대체로 하등한 미생물이나 세균에서 발견되는 분열방식이며 n번 분열한 후의 세포 수는 2^n으로 표시된다.

○ **삼각밀대**(spreader) : 유리봉의 한끝을 삼각형으로 구부려 놓아 배지 위에 떨어뜨린 균액을 전체적으로 골고루 퍼뜨려 도말할 수 있는 장치.

○ **생리식염수**(physiological salt solution) : 적출한 기관이나 조직을 잠시 정상적으로 살려두기 위한 용액. 천연 체액이 사용될 수도 있지만 보통은 식염용액을 사용한다. NaCl의 농도는 0.9%이며 미생물 희석 및 보존에 널리 사용된다.

WORK SHEET

실험일 : 200 . . .

실험자 : ______________

〈실험결과〉

균수
(cfu/mℓ)

시간(hours)

[참조] 단위 표시인 cfu는 colony forming unit의 약어로서 생균수를 표시할 때 사용된다.

〈고찰〉

a. 유산균을 MRS 배지에 접종하여 생장곡선을 작성해 보자.

b. 유산균에 각종 첨가물(알코올, 인삼추출액, Ca^{++} 등)을 넣어 생장곡선을 작성해 보자. 결과를 비교하여 첨가물들이 성장에 미치는 영향을 조사해 보자.

c. 대장균을 LB 배양액에 접종하고 30℃, 37℃, 42℃ 등 각기 다른 온도에서 키우면서 생장곡선을 그려보고 온도가 생장에 미치는 영향을 비교하자.

d. pH를 5.0, 6.0, 7.0, 8.0 등으로 변화시키면서 생장곡선을 그려 pH가 생장에 미치는 영향을 비교해 보자.

제 7 과

미생물의 산업적 응용 : 요구르트 만들기

목적

학생들이 직접 요구르트를 만들어 봄으로써 미생물 산업의 원리를 인지하고 응용력을 키우도록 한다.

이론 및 배경

세균에는 병원성도 있지만 유용한 세균도 많다. 요구르트(yoghurt) 제조에 쓰이는 유산균(lactic acid bacteria)도 유용한 균주 중 하나이다. 요구르트의 유산균은 장에 해로운 균이 서식하는 것을 막아주기 때문에 각종 소화기 질병을 예방하는 효과가 있다. 게다가 유산균이 젖당(lactose)을 분해해주기 때문에 우유를 소화할 수 없는 사람들도 즐길 수 있는 건강식품으로 각광받고 있다. 유산균의 종류는 대단히 많지만 *lactobacillus* 계통이 주로 제품에 이용된다.

실험재료

a. Skim milk power
b. Glucose
c. Sugar
d. 향료

e. Water

f. Stirrer와 stirrer bar

g. 유산균(*lactobacillus*)

참조 유산균은 시판되는 요구르트에서 균액을 streaking하여 순수분리한 다음 사용한다. 순수분리하기에 제일 좋은 제품은 *lactobacillus* 단일균을 사용한 것이다. 유산균은 MRS 배지에 streaking 하거나 10% skim milk에 접종하여 curd가 형성된 뒤 4℃ 냉장고에 계속 보관하면서 사용하면 된다(curd는 유산균이 생성하는 산 때문에 우유가 엉겨 굳는 현상이다). 향료는 시중에서 판매되는 각종 과일향을 본인이 원하는 만큼 첨가하면 된다(오렌지향이 추천된다).

실험방법

a. 94.35㎖의 물에 skim milk 8.125g과 glucose 1.575g을 혼합하여 autoclaving한다.

참조 이 과정에서 우유는 갈색으로 변화(browning effect)한다. Stirrer bar를 미리 넣어 두면 나중에 균질화하는 데 편리하다.

b. 완전히 식을 때까지 기다려서 유산균을 1% (V/V) 접종한다.

c. 37℃ 배양기에서 curd가 형성될 때까지 배양한다. 일단 curd가 형성되면 1~2일 정도 추가 배양하여 숙성시킨다(배양시간은 유산균 종류마다 다르다. 평균적으로 3일에서 6일이 소요된다).

d. Stirrer를 사용해서 curd를 균질화(homogenization)한다.

e. Sugar 36.655g과 나머지 분량의 물 100㎖을 첨가하여 잘 섞어준다.

f. 오렌지향을 0.2g 첨가한다(향의 종류와 양은 본인의 기호에 따라 결정한다).

a b c d e f

용어정리

○ **젖당(lactose)** : 포도당과 갈락토오스가 결합한 이당류. 포유류의 젖이나 우유에서 많이 발견되기 때문에 젖딩이라 부른다. 산업적으로는 치즈 제조의 부산물로서 많이 얻어진다.

○ **혼합기(stirrer)** : 균액이나 용액을 빠르고 균일하게 혼합하기 위해 사용되는 장치. 본체 안에 들어있는 자석을 회전시키고, 용액에 작은 bar를 넣어 본체 위에 올리면 빠르게 용액을 균질할 수 있다.

○ **갈색변화(browning effect)** : 우유처럼 당단백이 풍부한 물질을 고압증기멸균할 때 나타나는 현상. 맑고 백색인 우유가 갈색으로 변하면서 맛과 풍미가 더욱 고취되기 때문에 미생물학 및 식품학적으로 대단히 중요한 현상이다.

WORK SHEET

실험일 : 200 . . .
실험자 : ____________

〈실험결과〉

다음과 같이 음용후 소견들을 조사하고, 제품의 질을 향상시키기 위한 방안을 논의하시오.

항목	
색상	
산도	
맛	
당도	
질감	

〈고찰〉

a. 자기가 만든 요구르트의 생균수를 측정해 보자.

b. 발효유 제조회사를 직접 방문하여 전체 공정을 살펴보고 실험실에서 배운 것과 어떤 점이 같거나 다른지 견학하여 보자.

제2장 미생물 유전실험

제 8 과 전기영동(Electrophoresis)

제 9 과 Polymerase Chain Reaction(PCR)

제10과 유전체 DNA(Genomic DNA) 분리

제11과 Plasmid DNA 분리

제12과 제한효소(Restriction Endonuclease)

제13과 유전자 재조합 실험(Cloning)

제14과 박테리오파아지(Bacteriophage) 실험

제8과

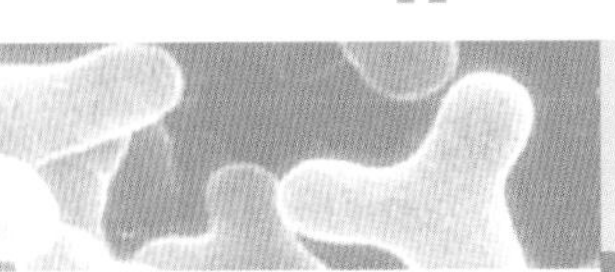

전기영동(Electrophoresis)

목적

a. 전기영동의 원리를 이해한다.

b. 전기영동에 필요한 기구들의 사용법을 익힌다.

c. Agarose gel 만드는 법, DNA 시료를 점적하는 법, DNA를 염색하는 법, 전기영동된 DNA의 크기를 결정하는 법, 전기영동 사진 찍는 법 등을 익힌다.

d. 전기영동에 영향을 미치는 요인들에 대해 알아본다.

이론 및 배경

DNA나 단백질을 크기에 따라 분획하기 위한 방법의 하나가 전기영동이다. DNA와 단백질은 전하를 띠고 있기 때문에 전기를 걸어주면 각 분자의 전기적 특성에 따라 전장을 이동하게 된다. DNA의 경우에는 음전하를 띠기 때문에 전장에서 양극(+) 쪽으로 이동을 한다. 단백질은 아미노산 조성에 따라 각각의 전기적 특성이 다를 수 있기 때문에 시약을 처리하여 전체적으로 음전하를 띠도록 먼저 처리한 후 전기영동을 실시한다. 이렇게 하면 DNA와 마찬가지로 음극(+)에서 양극(+)으로 이동하게 된다. DNA나 단백질이 전장을 이동하는 속도에 가장 큰 영향을 주는 것은 분자량이다. 즉, DNA나 단백질의 무게가 가벼울수록 같은 시간 내에 멀리 이동할 수 있다. 따라서 DNA나 단백질이 출발 지점으로부터 얼마나 이동했는지 거리에 따라 이들의 크기를 계산해낼 수 있다.

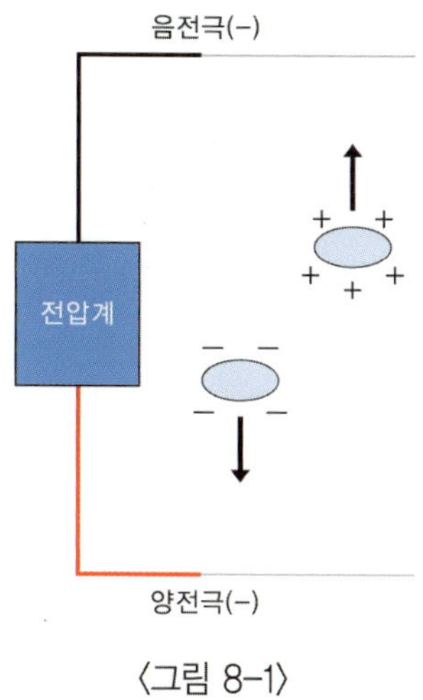

〈그림 8-1〉

(1) Agarose gel

Agarose gel은 해상도가 다소 떨어지지만 100bp에서부터 50kb까지 비교적 큰 폭의 DNA 단편(fragment)을 분리할 수 있으며, 사용이 간편하고, 다루기 또한 쉬워서 가장 널리 사용되는 전기영동 재료이다. 주로 DNA 전기영동에 많이 사용된다. 더 작은 크기의 DNA 분리를 위해서는 높은 농도의 agarose gel이나 Metaphor와 같은 특수한 agarose gel, 혹은 polyacrylamide gel을 사용한다.

Aagarose 농도에 따른 DNA 단편의 분리범위

agarose 농도 (% W/V)	DNA의 분리범위 (kb)
0.3	5 - 60
0.6	1 - 20
0.7	0.8 - 10
0.9	0.5 - 7
1.2	0.4 - 6
1.5	0.2 - 3
2.0	0.1 - 2

(2) 전기영동 buffer

전기장에서의 이동성은 완충용액(buffer)의 이온 강도와 조성에 영향을 받는다. 이온 강도가 너무 낮으면 DNA 이동이 느려지고, 이온 강도가 너무 높으면 열이 발생하여 심한 경우 gel이 녹거나 DNA의 구조가 변하게 된다. 실험실에서 많이 사용하는 buffer는 TAE와 TBE이다. 그 조성은 다음 표와 같다. 보통은 농축용액(stock solution)을 만들어 상온에서 보관하면서 필요할 때마다 희석하여 사용한다.

전기영동 완충용액의 조성

완충용액	사용 용액	농축 보관액 조성 (liter 당)
Tris-acetate (TAE)	1× : 0.04M Tris-acetate 0.001M EDTA	50× : 242g Tris-base 57.1mℓ glacial acetic acid 100mℓ 0.5M EDTA (pH 8.0)
Tris-borate (TBE)	0.5× : 0.045M Tris-borate 0.001M EDTA	5× : 54g Tris base 27.5g boric acid 20mℓ 0.5M EDTA (pH 8.0)

(3) 전기영동의 이동속도

전기영동에서 DNA 이동 속도에 영향을 주는 요인에는 DNA 크기, agarose 농도, DNA 형태, 전압, buffer의 조성 등이 있다. 일반적으로 DNA 크기와 전기장에서의 이동성(mobility) 관계는 로그(log) 함수로 반비례한다. 큰 분자는 작은 분자보다 더 천천히 움직인다. 왜냐하면 큰 분자는 작은 분자보다 gel의 구멍(pore)을 지나기가 어렵기 때문이다. DNA 단편은 agarose의 농도에 따라 각각 다른 속도로 움직인다. 이것이 agarose gel이 넓은 범위의 DNA를 분리할 수 있게 해주는 중요한 요인이다.

또한 같은 분자량의 DNA라도 초나선환상형(supercoiling circular) DNA (I형) 〉 열린 환상형(nicked circular) DNA (II형) 〉 선형(linear) DNA (III형) 등 DNA 형태에 따라 agarose gel 상에서 다른 속도를 보인다. 즉, linear DNA와 supercoiled DNA의 전기영

동 이동성이 다르다. 크기 비교를 위해 DNA size marker를 흔히 사용하는데, 시료가 supercoiled DNA인 경우에는 DNA size marker도 supercoiled DNA를 사용해야 정확하게 DNA 크기를 비교할 수 있다.

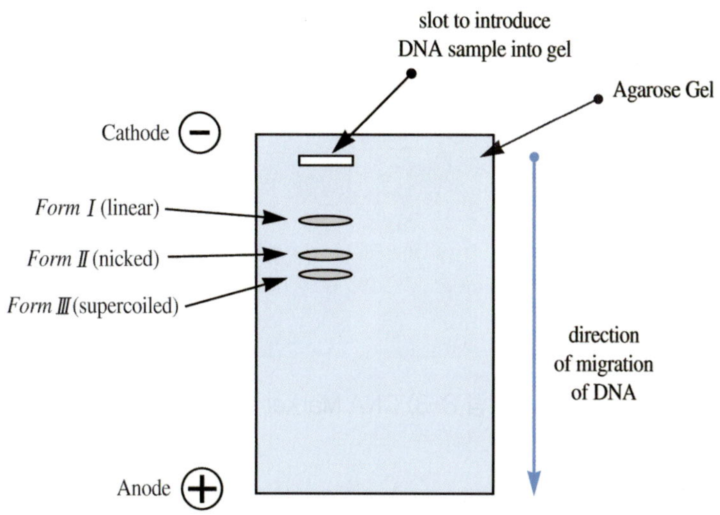

〈그림 8-2〉 Agarose Gel Electrophoresis of DNA
(gel is run in the horizontal position)

(4) DNA size marker

DNA size marker는 전기영동 시료 DNA의 정확한 크기를 계산하기 위해 비교 목적으로 사용하는 DNA이다. 즉, DNA size marker는 이미 크기를 정확히 알고 있는 DNA 분자이며 그 종류도 대단히 많다. 시료 DNA가 얼마나 큰지 예측되는 정도에 따라 적당한 DNA size marker를 선택하여 사용한다.

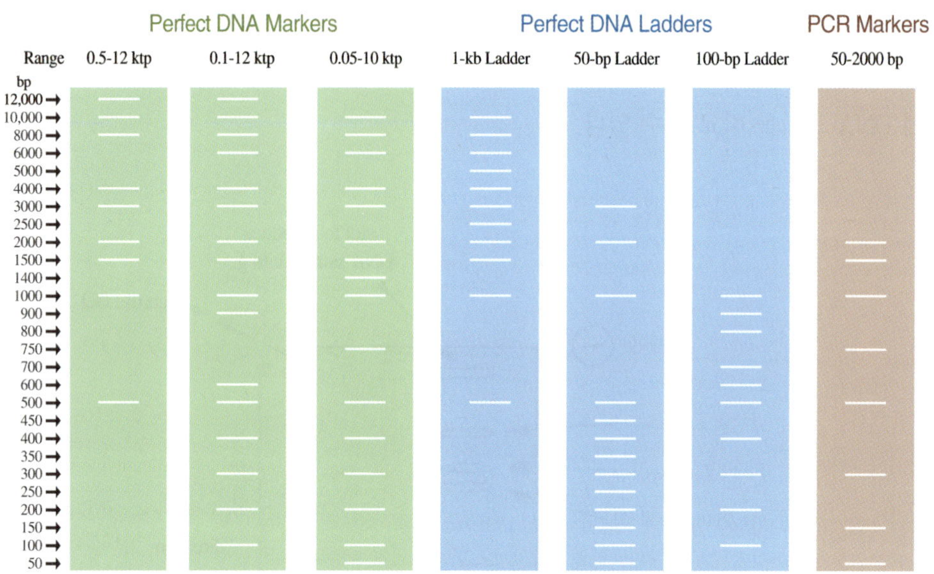

〈그림 8-3〉 DNA Marker Size Chart

(5) Gel loading dye

시료를 agarose에 점적하기 전에 시료 DNA와 gel loading dye를 서로 혼합해준다(그림 8-2). Gel loading dye에는 glycerol이나 Ficoll처럼 무거운 물질이 함유되어 있어 DNA 시료를 well 속에 잘 가라앉히게 된다(그렇지않으면 시료가 전기영동 buffer 위로 떠올라 사방으로 퍼져 버린다). Dye에는 또한 2가지 염료(xylene cyanol, bromophenol blue)가 들어 있는데 이들은 DNA와 마찬가지로 (-)전하를 띠면서 비중만 서로 차이가 나기 때문에, 이들의 진행상태를 보아 DNA가 어느 정도 전기영동되었는지를 유추할 수 있다.

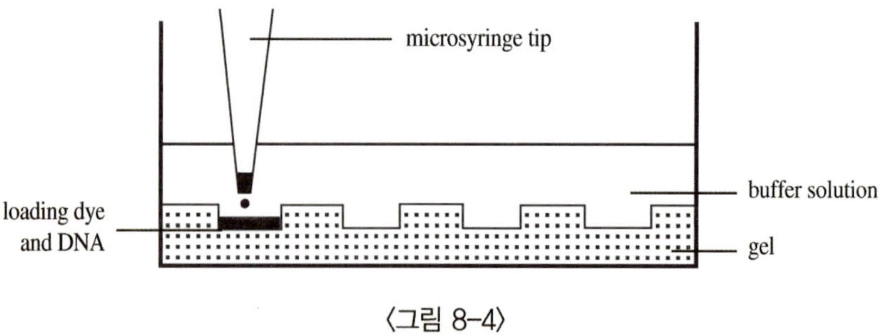

〈그림 8-4〉

Gel loading dye

10X buffer
1) 50% glycerol 0.1M EDTA 0.3% bromophenol blue 0.3% xylene cyanol
2) 25% Ficoll(type 400) 0.1M EDTA 0.3% bromophenol blue 0.3% xylene cyanol

실험재료

a. 시료 DNA(크기가 다른 DNA 단편들을 미리 섞은 시료)

b. Agarose powder

c. Agarose gel 판

d. Comb

e. 전기영동 buffer(TAE 혹은 TBE)

f. Gel loading dye

g. DNA size marker

h. Ethidium bromide(EtBr)

i. Power supply

j. 플라스크

k. 전자레인지

l. Micropipette

m. Micropipette tip

실험방법

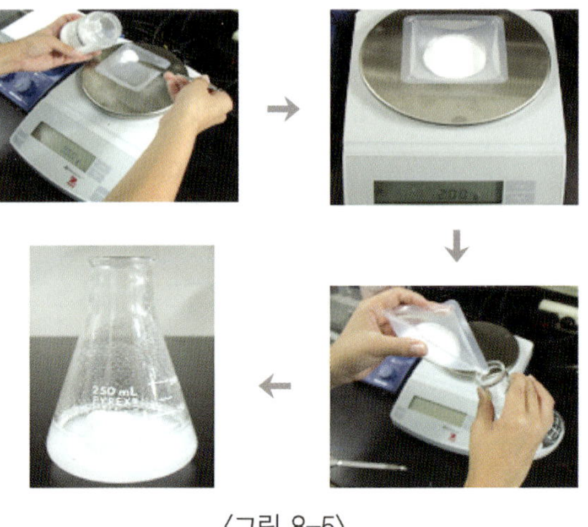

〈그림 8-5〉

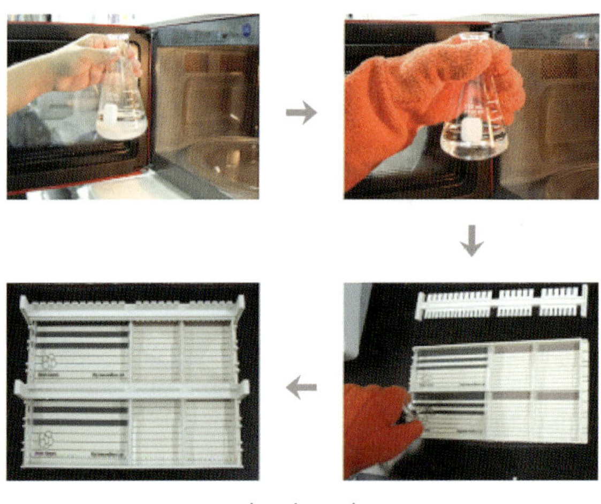

〈그림 8-6〉

A. Agarose gel 만들기(그림 8-1)

B. DNA 시료 준비하기

C. DNA 시료 점적하고 전기영동하기(그림 8-2)

D. EtBr로 gel 염색하고 DNA 관찰하기(그림 8-3)

A. Agarose gel 만들기

1X TBE 혹은 1X TAE buffer에 적절한 농도가 되도록 agarose 가루를 넣어 잘 섞고 전자레인지를 이용하여 가열한다. 끓어오르기 시작하면 전자레인지에서 꺼내 휘휘 젓고, 다시 잠깐 가열하여 agarose가 완전히 녹도록 하되 너무 오래 끓이지 않도록 한다. 너무 오래 끓이면 buffer가 증발하기 때문에 agarose의 농도가 변해 버리기 때문이다.

Agarose는 55℃~60℃가 되도록 식힌 다음 gel 판에 편평하게 붓는다. 이때 agarose gel에 공기방울이 생기지 않도록 주의한다. 준비한 comb을 꽂아 시료점적이 가능한 well을 만든다. 20~30분 후에 gel이 완전히 굳으면 comb을 빼낸다. 형성된 well이 손상되지 않도록 주의한다.

B. DNA 시료 준비하기

Gel loading dye는 보통 6X 또는 10X의 stock solution으로 만들어 두기 때문에 DNA 시료와 혼합했을 때 dye의 농도가 최종 1X로 될 수 있도록 계산하여 섞어준다. Well에 들어갈 수 있는 양(volume) 또한 고려하여 점적할 DNA 시료를 준비한다.

C. DNA 시료 점적하고 전기영동하기

Agarose gel을 전기영동 tank 안에 올려놓는다. 이때 well이 전기영동 tank의 음극 쪽으로 가도록 한다. 전기영동 buffer가 gel을 2~3mm 정도 살짝 덮을 수 있도로 buffer를 채워 넣는다. 너무 많은 양의 buffer를 사용하면 전기영동의 속도가 느려지므로 주의한다. Well에 DNA 시료를 점적한다. 이때 pipette 끝이 well의 바닥을 손상하지 않도록 하고 DNA 시료가 buffer 위로 떠오르지 않도록 주의한다.

DNA 시료가 점적되었으면 well 쪽이 음극, 반대방향이 양극이 되도록 전류를 걸어준다. 전기영동 tank의 길이와 agarose gel의 농도, 관찰하고자 하는 DNA의 크기 등을 고려하여 적절한 전류로 전기영동을 실시한다. 전기영동 전류는 gel의 두께와 길이에 반비례하고 관찰하고자 하는 DNA의 크기와는 비례한다.

시간이 지나면서 gel loading dye가 얼마나 움직였는지를 관찰한다. 이를 참고하여 적당한 시간에 전기영동을 끝마친다.

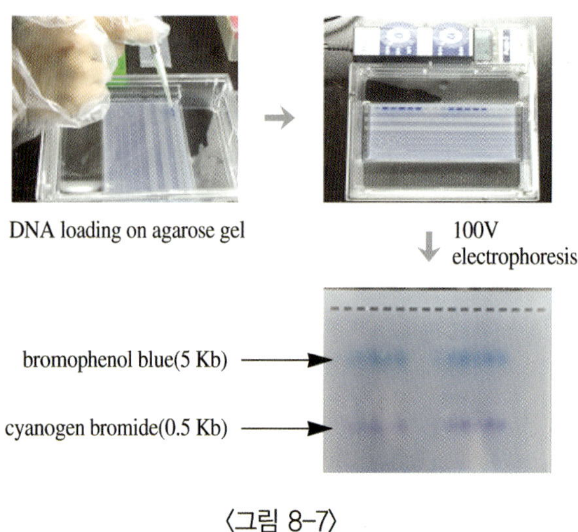

〈그림 8-7〉

주의 전기영동시 사용하는 전류가 너무 낮으면 시간이 오래 걸리면서 DNA band가 번진 것처럼 보일 수 있고, 너무 높으면 전기저항이 높아져서 gel의 온도가 올라가게 된다. 온도가 너무 높아지면 gel이 부분적으로 녹게 되며 DNA 관찰의 해상도(resolution)가 나빠진다.

D. EtBr로 gel 염색하고 DNA 관찰하기

Ethidium bromide(EtBr)는 DNA 염기사이에 끼어들어(intercalation) DNA를 형광(fluorescence)이 되게 해주는 염료이다. 전기영동이 완료된 agarose gel을 EtBr용액으로 염색(staining)한 다음 UV lamp로 빛을 쪼이면 DNA가 형광으로 빛나기 때문에 육안 관찰이 가능하다.

전기영동이 끝난 gel을 2㎍/㎖ 농도의 EtBr 용액에 5 ~ 10분 정도 담가 염색한다. 염색이 끝나면 agarose gel을 증류수에서 10분간 탈색(destaining)하여 DNA가 아닌 gel에 그냥 달라붙어 있는 여분의 EtBr을 제거해준다. UV transilluminator 위에 염색된 gel을 올려놓고 DNA band를 관찰한다. 폴라로이드 카메라 또는 디지털카메라로 사진을 찍어 보관한다.

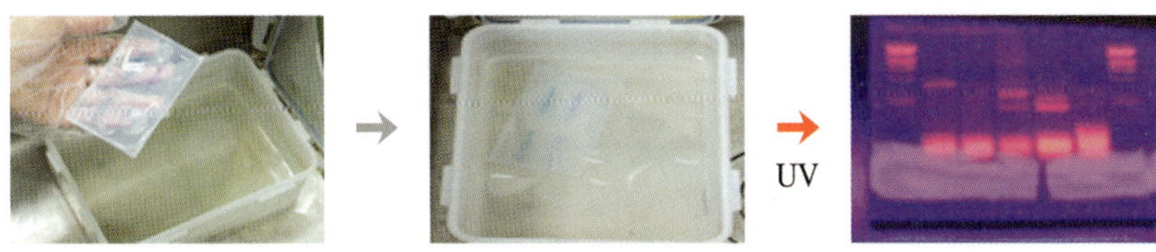

〈그림 8-8〉

주의 EtBr은 강력한 돌연변이원이므로 염색된 agarose gel을 다루거나 염색용액을 다룰 때 주의한다. EtBr로 오염된 물이나 agarose gel은 활성탄소를 이용하면 EtBr 오염을 제거할 수 있다.

용어정리

○ **아가로오스(agarose)** : 아가로오스는 천연의 폴리싸카라이드 폴리머(polysaccharide polymer)이다. 아가로오스로 만든 겔(gel)은 다공성 구조로 되어 있기 때문에 하전된 분자들이 그 사이 사이를 전기장에 따라 이동할 수 있다. 아주 높은 해상도를 기대할 수는 없지만 DNA 단편을 200bp에서부터 50kb까지 분리할 수 있어 사용이 간편하다.

○ **겔(gel)** : 전기가 통할 수 있는 반고형상태의 물질을 겔이라 한다. 흔히 사용되는 겔은 아가로오스로 만든 겔과 폴리아크릴아마이드(polyacrylamide)로 만든 겔이 있다. 아가로오스 겔은 DNA나 RNA 같은 핵산을 전기영동할 때 주로 사용되고, 폴리아크릴아미드 겔은 단백질이나 크기가 작은 DNA를 전기영동할 때 사용된다.

○ **폴리아크릴아미드(polyacrylamide)** : 단백질이나 크기가 작은 DNA를 전기영동할 때 많이 쓰인다. 폴리아크릴아미드 겔은 아크릴아미드를 비스아크릴아미드(bis-acrylamide)로 결합시킨 중합체이다. 폴리아크릴아미드의 농도가 증가할수록 중합체간의 간격이 좁아지므로 더 작은 분자들을 분리해 낼 수 있다. 즉, 분리하고자 하는 단백질이나 DNA의 분자량에 따라 겔의 농도를 조절할 수 있다.

○ **완충용액(buffer)** : 전기장에서의 이동성은 전기영동 완충액의 이온 강도와 조성에 영향을 받는다. 이온 강도가 너무 낮으면 DNA 이동이 느리고, 이온 강도가 너무 높으면 열이 발생하여 심하면 겔이 녹거나 DNA 구조가 바뀔 수 있다. 일반적으로 전기영동에 많이 사용하는 완충용액에는 TAE(Tris-acetate)와 TBE(Tris-borate)가 있다. TAE는 아가로오스 겔 전기영동처럼 단시간 사용할 때에, TBE는 장시간 전기영동하는 경우에 많이 사용한다.

○ **전기영동의 해상도(resolving power)** : 전기영동으로 분리해낼 수 있는 DNA 단편의 크기 차이. 아가로오스 겔은 해상도가 낮아 50bp 이상 차이가 나야 DNA 단편들을 분리할 수 있고, 폴리아크릴아미드 겔은 아가로오스 겔보다 해상도가 높아서 DNA 단편이 1bp만 차이가 나도 분리해낼 수 있다.

○ **EtBr의 끼어들기(intercalation of EtBr)** : Ethidium bromide는 DNA를 염색하는 시약으로 구조상 평면구조를 가지고 있어 DNA 분자의 염기들 사이로 쉽게 끼어들 수 있다. 자외선을 쪼이면 EtBr이 주황색 가시광선을 내기 때문에 EtBr과 결합한 DNA를 간접적으로 관찰할 수 있다. EtBr은 외가닥 DNA보다는 이중나선 DNA에 더 높은 친화성을 가지고 있다.

WORK SHEET

실험일 : 200 . . .
실험자 : ________________

A. Pipetting 연습

Microcentrifuge tube에 100㎕의 1X gel loading dye를 준비하여

a. 10㎕씩 10회 분주했을 시 100㎕가 되는지 확인
b. 5㎕씩 10회 분주했을 시 50㎕가 되는지 확인
c. 2㎕씩 10회 분주했을 시 20㎕가 되는지 확인

〈실험결과〉

〈고찰〉

a. Pipetting 결과는 정확하였는가?

b. 그렇지 않다면 원인은 무엇인가?

c. 이 결과를 토대로 pipetting시 주의해야 할 점은 무엇인가?

B. 전기 영동 실험

〈실험결과〉

〈고찰〉

a. 전기영동의 목적은 무엇인가?

b. Agarose gel을 만들 때 주의해야 할 점은 무엇인가?

c. 시료 점적과정에서 주의해야 할 점은 무엇인가?

d. 전기영동시 사용하는 voltage를 결정하는 요인은 무엇인가?

e. 전기영동된 DNA 시료의 사진을 토대로
- 전기영동 결과는 성공적이었는가? 그렇지 않다면 그 원인은 무엇인가?
- 시료로 사용된 DNA의 크기와 농도를 결정할 수 있었는가?
- 어떻게 결정하였는가?

제 9 과

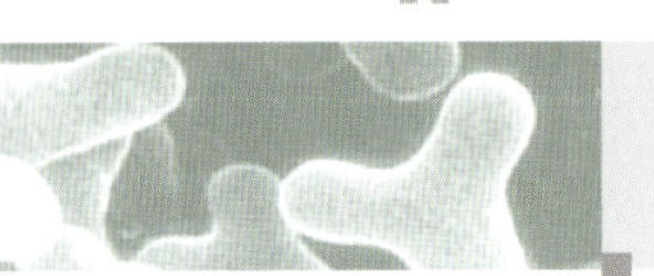

Polymerase Chain Reaction(PCR)

목적

a. PCR 반응의 원리를 이해한다.
b. PCR 장비 사용법을 충분히 연습하여 실험기술에 익숙해지도록 한다.

이론 및 배경

PCR은 DNA의 특정 부위를 시험관(*in vitro*)에서 대량 증폭하는 기술로, 1983년 Kary B. Mullis에 의해 고안된 이래 급격한 속도로 발전하여 분자생물학의 핵심적인 기술이 되었다.

(1) PCR 반응물의 구성

증폭의 target이 되는 DNA, target DNA의 특정 부위 양끝에 결합할 수 있는 25~40bp 길이의 primer 한쌍, DNA polymerase(내열성이 강한 *Taq* DNA polymerase), DNA 합성의 재료인 뉴클레오티드(dATP, dGTP, dCTP, dTTP), 그리고 *Taq* DNA polymerase의 buffer로 구성된다.

● Template DNA

PCR 주형으로 사용되는 DNA로 모든 종류의 유전체 DNA, 플라스미드 DNA 등이 사용된다.

● Primer pair

Target 부위 양쪽에 상보적인 25~40bp 길이의 합성 oligonucleotide 한쌍이다. Primer의 3' 말단에 *Taq* DNA polymerase가 작용하여 새로운 DNA를 중합해 나간다.

● *Taq* DNA polymerase

*Thermus aquaticus*라는 미생물에서 분리한 DNA polymerase이다. 90℃ 이상의 고온에서도 비교적 안정(heat-stable polymerase)하다. 그러나 90℃ 이상에서는 *Taq* polymerase의 활성도 역시 조금씩 저하되므로 PCR 반응 cycle을 design할 때 이 점을 고려해야 한다.

● dNTPs

DNA 합성에 필요한 재료로서 dATP, dGTP, dCTP, dTTP가 통상적으로 사용된다. 간혹 PCR의 오염을 줄이기 위해 UTP-N glycosylase(UNG)를 사용하는 실험에서는 dTTP 대신 dUTP가 사용되기도 한다. DNA polymerase가 DNA를 합성해 나가는데 필요한 에너지를 제공한다.

● $MgCl_2$

Taq DNA polymerase의 활성에 반드시 필요하다. *Taq* DNA polymease 구입시 함께 제공되는 대부분의 10X PCR buffer에 10~15mM의 농도로 포함되어 있으나 간혹 별도로 제공되기도 한다. PCR 반응마다 최적의 $MgCl_2$ 농도가 다를 수 있기 때문이다. $MgCl_2$의 농도가 너무 높은 경우에는 원하는 PCR 산물 외에 비특이적인 PCR 산물들이 생길 수 있다. 이런 경우 $MgCl_2$ 농도를 조절해야 한다.

(2) PCR 과정

PCR은 Denaturation → Annealing(primer binding) → Extension의 순환 과정으로 이루어진다. 각 단계마다 온도와 반응시간을 변환해 주어야 하는데 컴퓨터 프로그램에 의해 이를 자동으로 제어해주는 thermocycler를 이용하여 반응을 수행한다. "Denaturation-Annealing-Extension"의 한 cycle이 완료될 때마다 target 부위의 DNA가 2배로 불어나며 새로 불어난 target DNA가 새로운 template로 작용하게 된다. 즉, 반응때마다 2배로 늘어나니까 "n" cycle을 반응시키면 2^n으로 증폭되는데 대개는 25~35 cycle을 수행하면 충분하게 증폭할 수 있다. PCR의 결과는 사용한 *Taq* DNA polymerase의 종류와 template DNA 및 primer의 농도, 그리고 buffer에 존재하는 $MgCl_2$의 농도에 영향을 받는다. 그러나 성공적인 PCR에 가장 중요한 것은 primer design과 최적의 primer annealing 온도 책정에 있다고 할 수 있다.

● Denaturation(해리단계)

이중나선 구조인 DNA를 94℃에서 15~30초간 처리하여 단일가닥의 DNA로 해리시킨다.

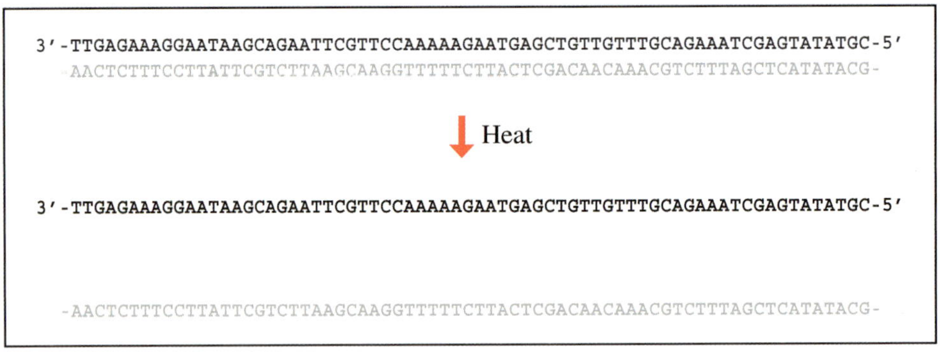

```
3'-TTGAGAAAGGAATAAGCAGAATTCGTTCCAAAAAGAATGAGCTGTTGTTTGCAGAAATCGAGTATATGC-5'
  -AACTCTTTCCTTATTCGTCTTAAGCAAGGTTTTTCTTACTCGACAACAAACGTCTTTAGCTCATATACG-

                                 ↓ Heat

3'-TTGAGAAAGGAATAAGCAGAATTCGTTCCAAAAAGAATGAGCTGTTGTTTGCAGAAATCGAGTATATGC-5'


  -AACTCTTTCCTTATTCGTCTTAAGCAAGGTTTTTCTTACTCGACAACAAACGTCTTTAGCTCATATACG-
```

〈그림 9-1〉

● Annealing(결합단계)

단일가닥으로 해리된 DNA와 primer를 시험관에 함께 넣고 적정 온도로 낮추면 2 종류의 primer는 각각 상보적인 한 가닥의 주형 DNA와 결합하게 된다.

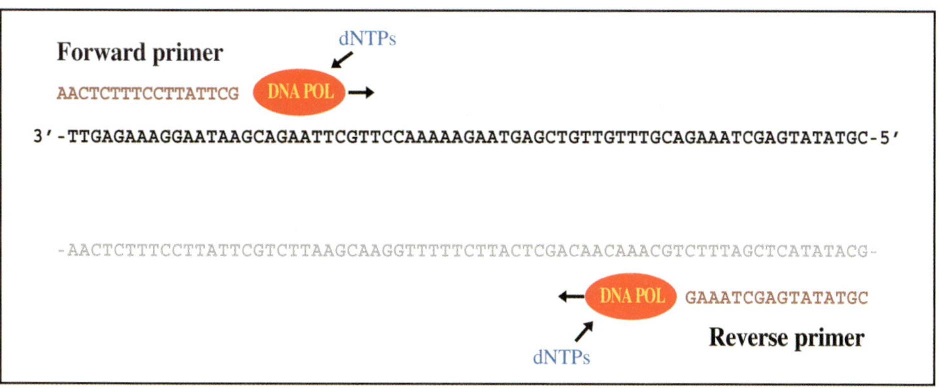

〈그림 9-2〉

● Extension(연장단계)

dNTP를 넣어주면 DNA polymerase가 작용하여 primer가 연장, 중합되게 된다. 대부분의 경우 연장단계를 25~35 cycle 진행한다.

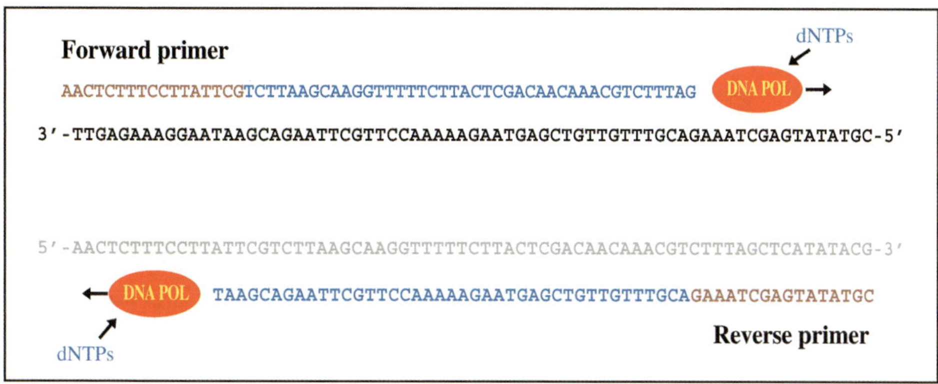

〈그림 9-3〉

실험재료

a. PCR 반응액

> 시료 DNA(genomic DNA 혹은 plasmid DNA)
> primer 한쌍(10pmol/μl 농도)
> *Taq* DNA polymerase(5 U/μl)
> dNTP(dATP, dGTP, dCTP, dTTP 각각 10mM)
> 10 X PCR buffer
> (100mM Tris-HCl(pH 8.3), 500mM KCl, 15mM $MgCl_2$, 0.1% gelatin)
> 증류수

b. PCR microcentrifuge tube(200μl 용량)

c. Mineral oil

d. Micropipette

e. Micropipette tips

f. Thermocycler

g. 전기영동장치

h. UV transilluminator

실험방법

〈그림 9-4-1〉

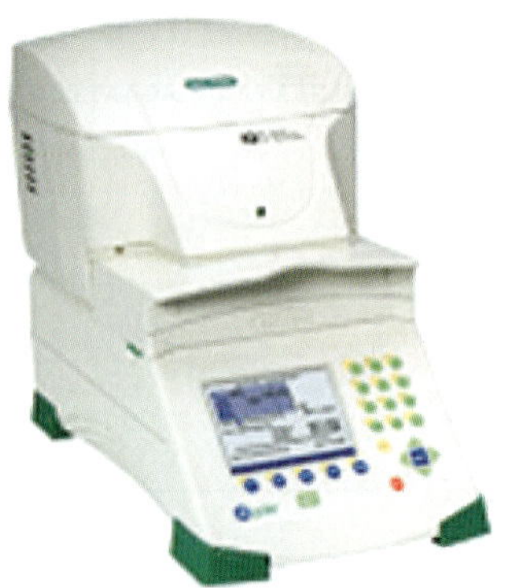

〈그림 9-4-2〉

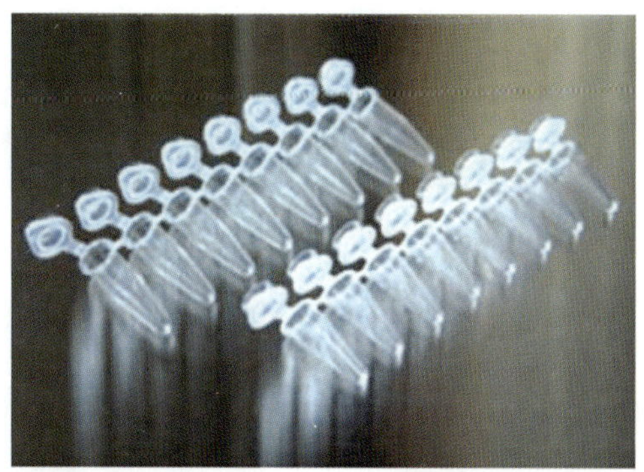

〈그림 9-5-1〉 PCR microcentrifuge tube

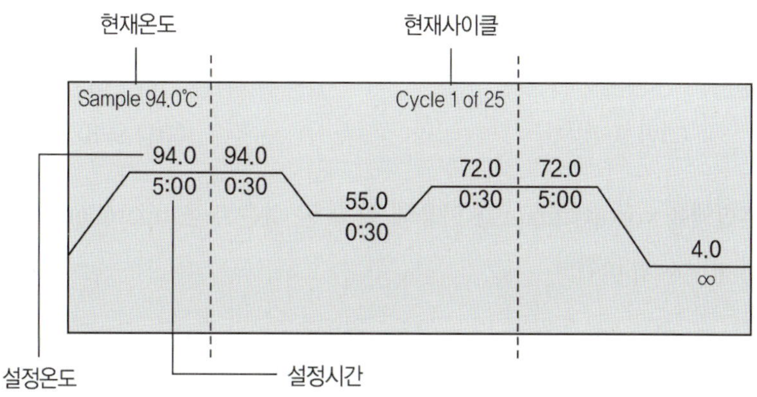

〈그림 9-5-2〉 PCR cycle 개요도

A. PCR 반응액의 준비

a. 200㎕ 용량의 PCR용 microcentrifuge tube에 다음의 시료를 혼합한다.
(반응 전체 용량은 20~100㎕로 맞춘다)

DNA(genomic DNA인 경우 : 1㎍, 플라스미드 DNA인 경우 : 10ng)
Forward primer(100pmoles)
Reverse primer(100pmoles)
dNTP mixture(최종농도 200㎛)
1X PCR buffer containing 10~15mM $MgCl_2$
Taq DNA polymerase(2.5 U/reaction)
Distilled Water(DW)로 반응액을 20㎕ 되도록 맞춘다

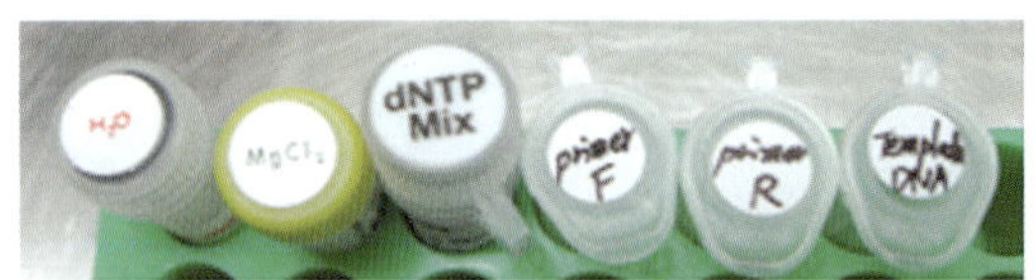

〈그림 9-6〉 PCR 반응 시료들

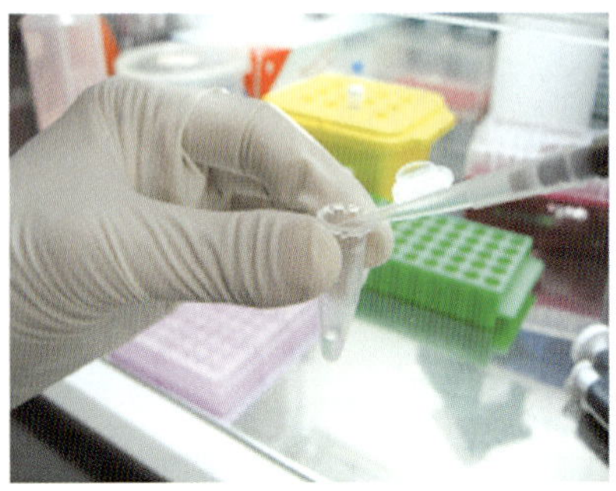

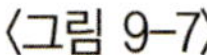

〈그림 9-7〉

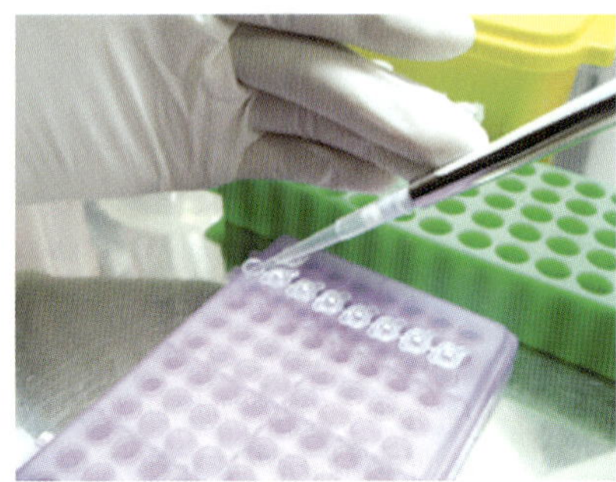

〈그림 9-8〉

b. 이들 혼합액을 vortex mixer를 이용해 짧게 잘 섞은 다음 microcentrifuge로 2~3초 짧게 quick-spin한다.

[참조]

- 모든 반응물은 얼음에서 녹이고 얼음에 보관한다. 반응액도 얼음에 보관한 microcentrifuge tube에 만들며 thermocycler에서 반응할 때까지 얼음에 보관한다.
- PCR에 사용하는 DW는 다른 DNA로의 오염 가능성을 최소화하기 위해 가능한 다른 반응에 한번도 사용한 적이 없는 멸균 증류수를 이용한다.
- 여러 시료를 동시에 PCR할 경우에는 시료 DNA를 제외한 나머지 반응물의 mixture를 만든 뒤 시료를 제외한 나머지 용량을 200㎕ PCR tube에 분주하고 이어 시료 DNA를 각각 분주하면 pipetting 횟수와 다른 DNA로 부터의 오염 위험도를 줄일 수 있다.
- PCR thermocycler 기종에 따라 반응액 위에 mineral oil을 얹어야 할 수도 있다. 오래된 PCR 기종인 경우 PCR 기기의 상단부위에 열선이 없어 PCR 반응이 일어나는 동안 반응액이 끓어오르기 때문에 이를 저지하기 위한 것이다.
- PCR의 오염도를 최소화하기 위해 pipette tip에 필터가 들어있는 PCR 용 tip 사용을 권장한다.

B. PCR 반응

Thermocycler를 이용하여 PCR을 수행한다. 첫번째 PCR cycle을 시작하기 전에 5분간 denaturation을 추가로 시행하여 template DNA가 완전히 해리될 수 있도록 하는 것이 보통이다. 이어서 Denaturation→Annealing→Extension cycle을 25~35회 수행한다. 마찬가지로 PCR cycle을 모두 끝낸 후에는 7~10분 정도 extension 과정을 추가로 시행하여 PCR 산물이 온전한 상태로 완성되도록 한다.

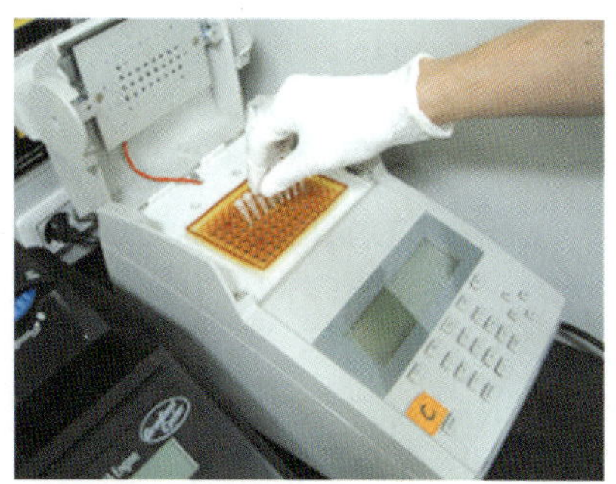

〈그림 9-9〉

참조 PCR의 마지막 반응에 이르면 *Taq* DNA polymerase의 DNA 합성능이 저하되어 마지막 PCR에서 만들어지는 PCR 산물이 미완성일 수도 있기 때문에 추가 extension을 보통 실시한다.

C. PCR 결과의 확인

반응이 종료되면 PCR 반응액에서 2~5㎕만 떠내어 전기영동함으로써 원하는 DNA가 제대로 증폭되었는지를 확인한다. PCR 산물을 정확하게 전기영동할 수 있는 agarose gel 농도와 DNA size marker를 선택하여 원하는 크기의 PCR 산물이 특이적으로 증폭되었는지의 여부를 확인한다.

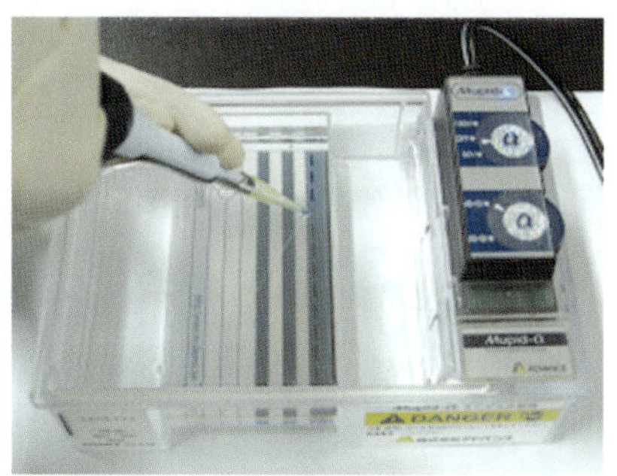

〈그림 9-10〉

용어정리

○ **뉴클레오티드(nucleotide)** : DNA의 기본단위이다. 구조는 뉴클레오시드(nucleoside)에 인이 하나 내지 세 개까지 붙어 있는 모습이다. 당부분이 D-리보오스인 것을 리보뉴클레오티드(ribonucleotide)라 하고, 당부분이 D-2'-디옥시리보오스인 것을 디옥시리보뉴클레오티드(deoxyribonucleotide)라 한다.

○ **유전체 DNA(genomic DNA)** : 어떤 생물체가 가지고 있는 유전자를 통칭하여 부르는 용어이다. 즉, 한 생물체의 유전적 특징이 바로 유전체 DNA에 들어있다고 말할 수 있다. 유전체 DNA의 길이는 생물 종마다 다른데 대장균은 3 X 10^6bp, 사람은 3 X 10^9bp라 알려져 있다.

○ **UTP-N 글리코실라아제(UTP-N glycosylase, UNG)** : PCR 반응시 오염방지를 위해 사용하는 효소로서, 우라실(uracil)과 디옥시리보오스(deoxyribose)의 연결 부분을 잘라내는 역할을 한다. 이 효소를 사용할 때는 PCR 반응액에 dTTP 대신 dUTP를 사용해야 한다.

○ **PCR 주형 DNA(PCR template DNA)** : 선택하여 증폭하고자 하는 target DNA 단편을 가리키는 용어이다. 세포의 chromosomal DNA나 RNA로부터 제조한 complementary DNA(cDNA), plasmid DNA 등을 template로 쓸 수 있다. Chromosomal DNA인 경우 1㎍ 이내, plasmid DNA의 경우 100pg~100ng 정도를 일반적으로 사용하지만 증폭하고자 하는 목적 유전자가 몇 copy나 되는지에 따라서도 달라질 수 있다. PCR 산물을 전기영동하여 확인할 때 비특이 PCR 산물이 많이 나타나거나 끌린 모양(smear 현상)이 나타나면 template DNA 양을 줄이는 것이 좋다.

○ ***Tag* polymerase의 열안정성(heat stability of *Tag* polymerase)** : *Tag* polymerase는 *Thermus aquaticus*라는 균에서 분리한 내열성 중합 효소이며 최적 반응 온도는 75~80℃이다. 그러나 내열성 중합효소라 하더라도 장시간 고온에 노출되면 점차 그 활성을 잃어버릴 수 있다. 일반적으로 PCR에 사용하는 *Tag* polymerase는 94℃에서 약 2시간 가량 안정적인 활성을 보이며, 98℃의 온도에 30분 이상 노출되면 활성을 잃는다.

○ **PCR 오염(contamination of PCR)** : PCR 반응 중에 일어날 수 있는 오염의 종류는 크게 2가지이다. Cross contamination과 carry-over contamination이다. Cross contamination은 PCR 반응 중에 다루는 검체와 검체 간에 일어나는 오염을 말하며, carry-over contamination은 실험실에서 앞서 수행된 PCR에 의해 증폭된 PCR 산물이 다양한 경로를 통하여 새로 수행된 PCR 반응을 오염시키는 것이다.

WORK SHEET

실험일 : 200 . . .

실험자 : ____________________

〈실험결과〉

〈고찰〉

a. 원하는 크기의 산물이 제대로 합성되었는가?

b. 합성되지 않았다면 어떤 이유 때문이었을까?

c. 전기영동 결과를 확인했을 때 원하는 크기의 DNA 산물만 존재하는가?

d. 그렇지 않았다면 무엇이 더 있으며 그런 비특이적 산물이 만들어진 이유는?

e. PCR이 응용되는 예들을 살펴보자.

제10과

유전체 DNA(Genomic DNA) 분리

목적

a. 유전체 DNA를 분리하는 각 과정마다의 원리를 이해한다.
b. DNA의 순도 및 농도를 측정하는 방법을 익힌다.

이론 및 배경

유전체 DNA는 세포가 가지고 있는 DNA 전부를 일컫는 말이다. 세포는 세균같은 원핵세포와 효모, 곰팡이 및 고등생물 같은 진핵세포로 나눌 수 있다. 진핵세포에는 원핵세포에 존재하지 않는 여러 종류의 막구조가 존재하는 등 구조가 훨씬 더 복잡하다는 점에 주의하자.

세포로부터 유전체 DNA를 분리하는 방법은 그 유전체 DNA를 어떤 목적에 사용할 것이냐에 따라 다르다. 즉, 복잡한 과정을 사용하여 순도 높은 DNA를 분리하는 방법과, 과정은 간단하나 순도 낮은 DNA를 분리하는 방법이 있을 수 있다.

순도와 농도 모두를 높이기는 어렵다. 과정이 간단할수록 DNA 소실을 줄일 수 있고, 다른 DNA에 의해 오염될 가능성을 줄일 수 있다는 장점이 있다. 그러나 여타 불순물(단백질, 지질, 탄수화물)이 남아 있을 수 있어 PCR처럼 순수한 DNA를 요구하지 않는 실험에 사용하기 적합한 방법이다. 반면에 Southern blot hybridization처럼 분리한 DNA에 제한효소를 처리하는 등 정교한 실험을 해야 할 경우에는 DNA의 순도가 높아야 한다.

따라서 DNA를 사용할 목적에 따라 다른 DNA 분리 방법을 선택하게 된다.

다양한 유전체 DNA 분리 방법이 있으나 기본 과정은 세포벽과 세포막을 제거해주는 과정과, 제거된 오염물을 DNA로부터 분리하는 두 과정이다. 세포막이나 세포벽을 제거해주는 과정은 boiling 혹은 freeze-thaw 방법 같이 세포에 열을 가해 용해시키거나 심한 온도 차이를 주어 터지게 하는 물리적 방법과, lysozyme이나 SDS, phenol과 같은 화학물을 사용하여 세포를 용해하는 화학적 방법으로 나눌 수 있다. 화학적 방법이 DNA의 회수율이 상대적으로 높으며, 장기간 보관이 용이하여 보편적으로 사용된다. 그러나 PCR 실험에는 순도는 낮지만 과정이 간단하여 다른 DNA에 의한 오염을 줄일 수 있는 물리적 방법도 종종 사용되고 있다.

화학적 방법의 기본 과정에는 (1) lysozyme을 이용하여 세포벽을 파괴하는 과정과, (2) 2가 양이온(++) chelating agent인 EDTA(ethylenediamine tetra-acetate)를 이용하여 Mg^{++} 이온을 제거함으로써 세포벽의 전체 구조를 약화시키는 과정, (3) SDS(sodium dodecyl sulphate)를 사용하여 세포막의 용해를 촉진하며, (4) proteinase K로 DNase를 불활성화시킨 뒤 (5) 단백질 등 각종 유기물을 phenol과 chloroform과 같은 유기용매를 사용하여 제거하는 과정, (6) 그리고 마지막으로 ethanol을 이용하여 DNA를 침전시키고 RNase를 이용하여 RNA를 제거하는 과정 등이 포함된다.

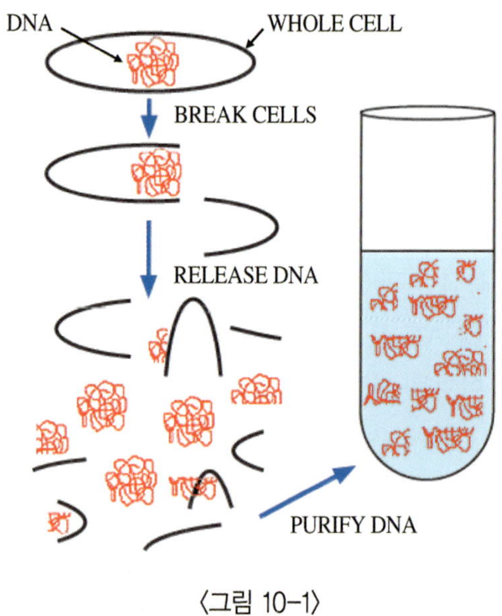

〈그림 10-1〉

실험재료

a. LB 배지
b. Tris-EDTA
c. Lysozyme(10mg/mℓ)

참조	Lysozyme 용액은 실험 전에 새것을 만들어 사용한다.

d. Phenol/chloroform(1:1) 용액
e. Chloroform/isoamyl alcohol(24:1) 용액
f. Proteinase K(15mg/mℓ)
g. 10% SDS
h. RNase A(10mg/mℓ)

실험방법

A. 유전체 DNA 분리

● 물리적방법(boiling method)

Boiling method는 PCR 같은 간단한 실험에 사용할 목적으로 사용되므로 화학적 방법에 비해 소량의 배양액으로부터 DNA를 분리한다.

a. LB broth 배양액 1mℓ을 1.5mℓ microcentrifuge tube에 옮겨 담는다.

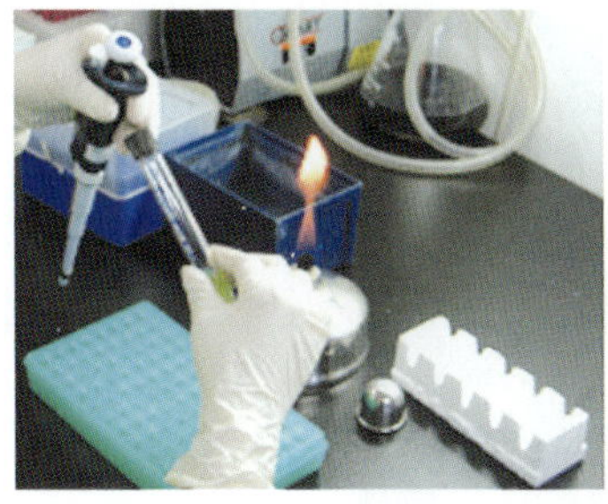
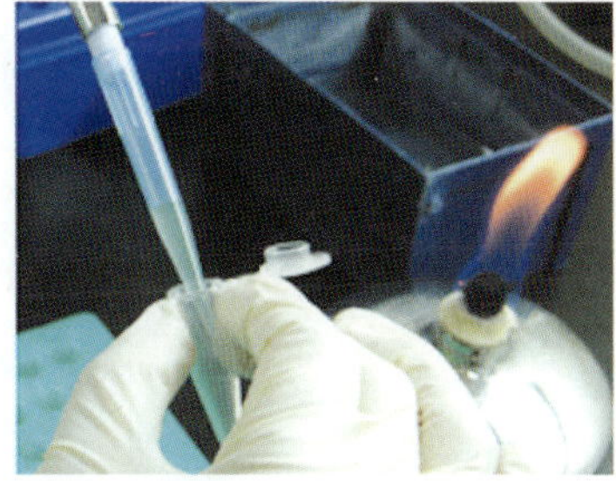

〈그림 10-2〉

b. Microcentrifuge로 12,000rpm에서 30초 동안 원심분리한다.

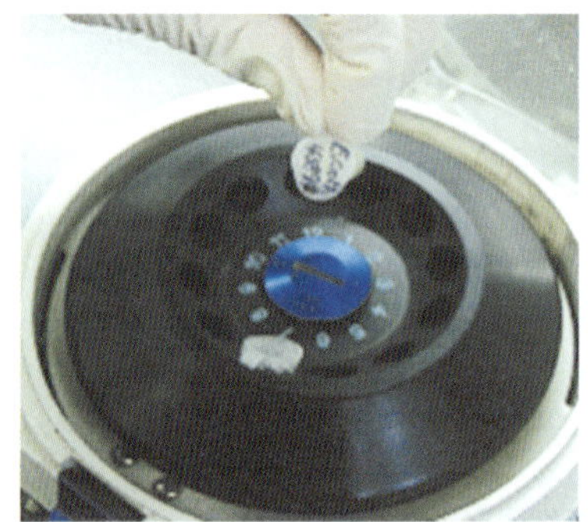

〈그림 10-3〉

c. 상층액을 제거한 후 DW 1㎖을 첨가하여 tapping 및 vortex mix로 세포를 잘 풀어 세척한다.

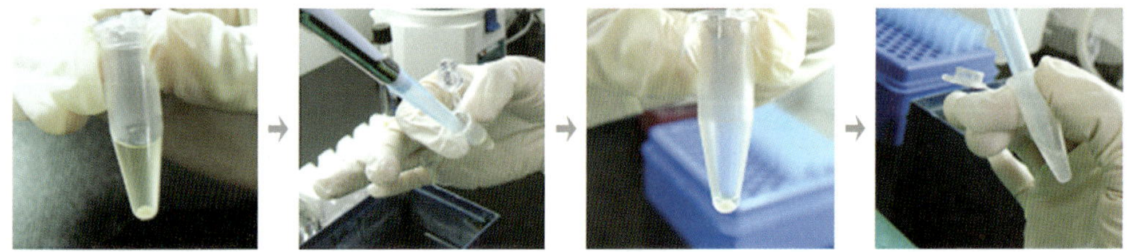

〈그림 10-4〉

d. Vortex mixing이 끝난 후 microcentrifuge로 12,000rpm에서 30초 동안 원심분리한다.

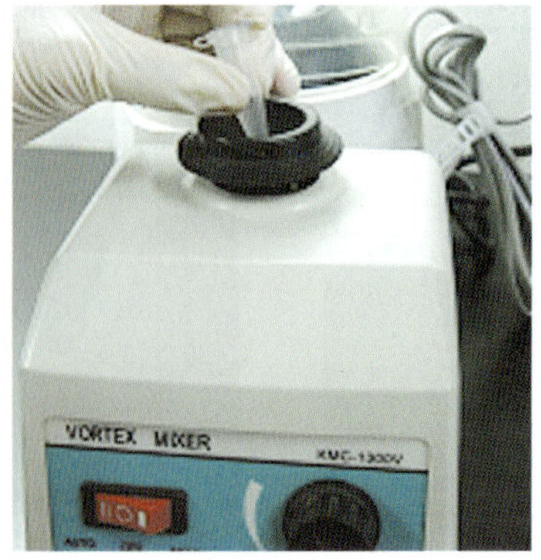

〈그림 10-5〉

e. 상층액을 완전히 제거한 후 DW 200㎕를 첨가하고 tapping 및 vortexing으로 cell pellet을 잘 풀어준다.

f. Boiling water bath에서 5분간 끓인다.

〈그림 10-6〉

g. 충분히 식힌 후 12,000rpm 에서 10분 동안 원심분리한다.

h. 상층액을 새로운 microfuge tube에 옮긴다.

참조	Boiling method는 PCR에 사용하기 적합한 방법이지만 오래 보관하기 위한 DNA 분리에는 적합하지 않다. Bioling method로 분리한 DNA를 오래 보관하고 쓸 목적이라면 DW 대신 TE buffer를 사용한다.

● 화학적 방법(proteinase-phenol)

화학적 방법은 PCR을 포함한 클로닝 및 다양한 실험에 사용할 수 있는 순도 높은 유전체 DNA 분리에 적합한 방법으로 다량의 DNA를 분리하는 것 또한 가능하다. 여기서는 실험의 편의상 소량의 배양액으로부터 DNA를 분리하기로 한다.

a. LB 배지에서 배양한 배양액 1.5㎖를 microcentrifuge tube에 옮겨 12,000rpm 에서 30초 동안 원심분리한다.

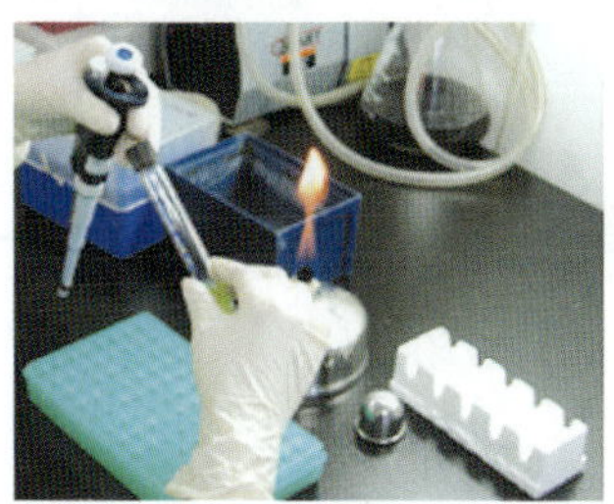

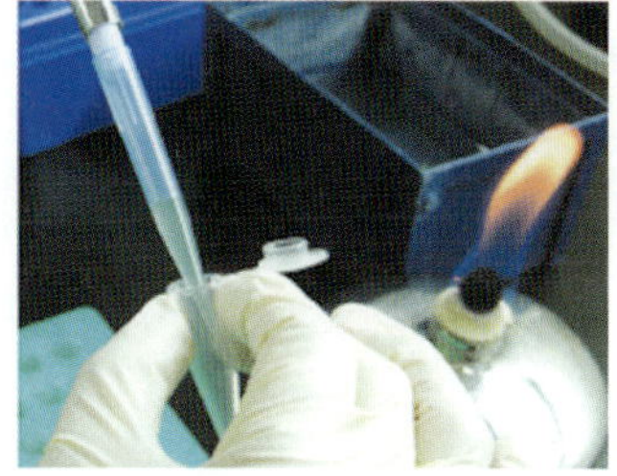

〈그림 10-7〉

b. 상층액을 버리고 1㎖의 Tris-EDTA를 사용하여 tapping 및 vortexing으로 cell pellet을 잘 풀어주며 세포를 세척한다. 너무 심하게 vortex하여 세포가 깨어지지 않도록 주의한다.

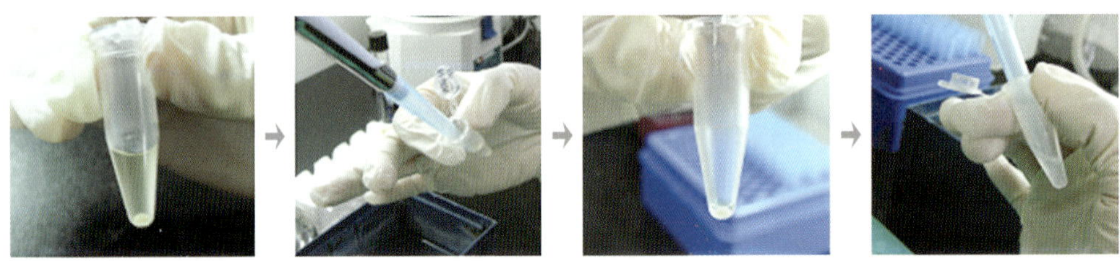

〈그림 10-8〉

c. 12,000rpm에서 30초 동안 원심분리하여 다시 세포를 수집한다.

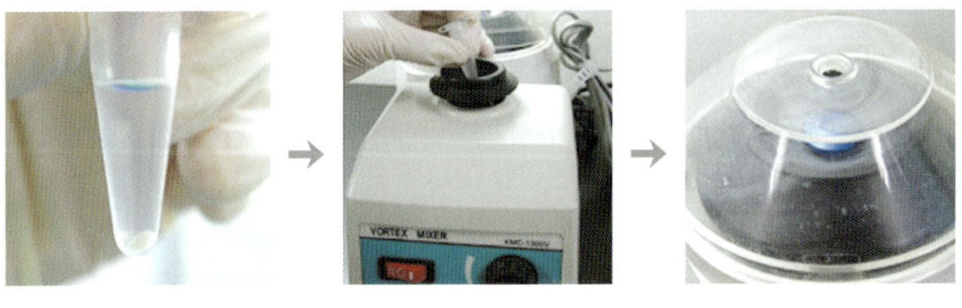

〈그림 10-9〉

d. 새롭게 만든 lysozyme(10mg/㎖) 용액을 최종 농도가 0.5mg/㎖이 되도록 처리하여 37℃에서 1시간 이상 반응시킨다. 세포벽이 두꺼운 세균은 lysozyme 처리를 오래(15시간 이상) 한다.

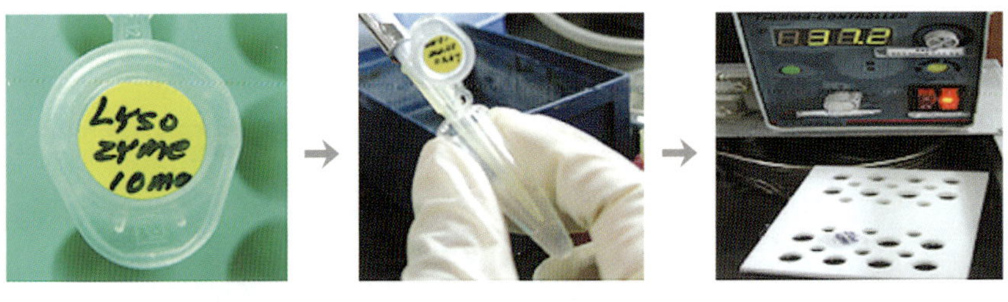

〈그림 10-10〉

e. 5㎕의 proteinase K(15mg/㎖)와 70㎕의 SDS(10% SDS)를 처리한 후 잘 섞어 65℃에서 15분간 반응시킨다.

〈그림 10-11〉

f. 100㎕의 5M NaCl로 세포를 처리한 후, 이어서 100㎕ CTAB/NaCl 처리하여 vortex하고 65℃에서 25분간 반응시킨다.

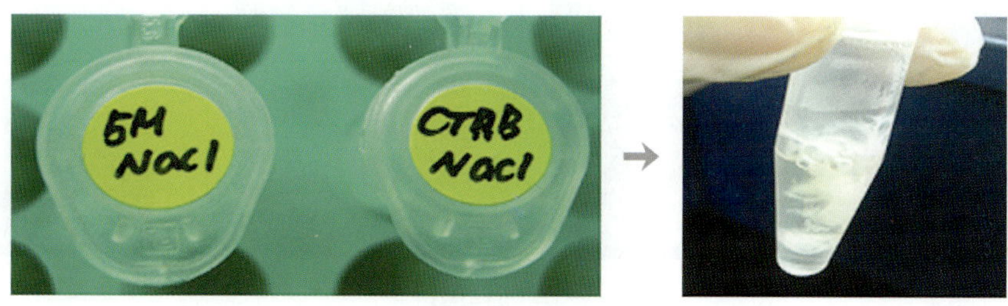

〈그림 10-12〉

g. 750㎕의 chloroform/isoamyl alcohol(24:1)을 처리한 후 부드럽게 tube를 위아래로 뒤집기(inverting)를 반복해 골고루 시약을 섞는다.

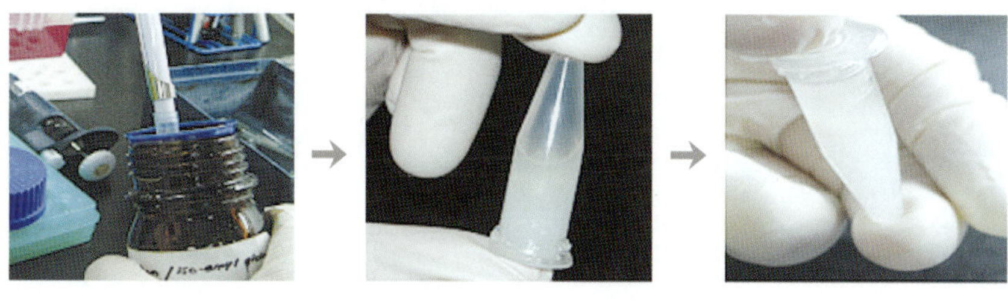

〈그림 10-13〉

h. 상온에서 12,000rpm으로 10분간 원심분리한 후 새 tube로 상층액을 옮긴다.

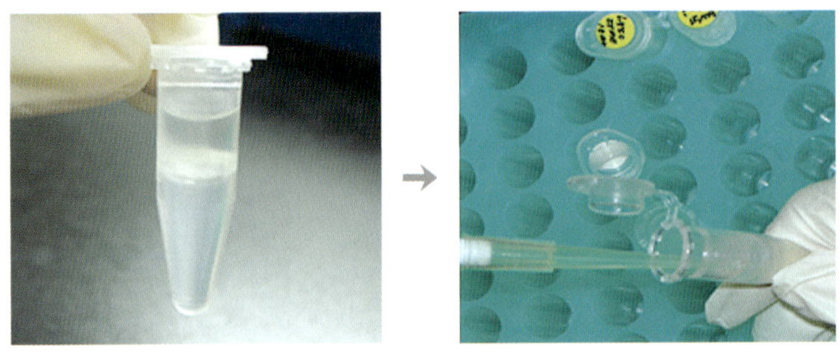

〈그림 10-14〉

i. 700㎕의 isopropanol을 넣고 tube를 위아래로 뒤집어 준다.

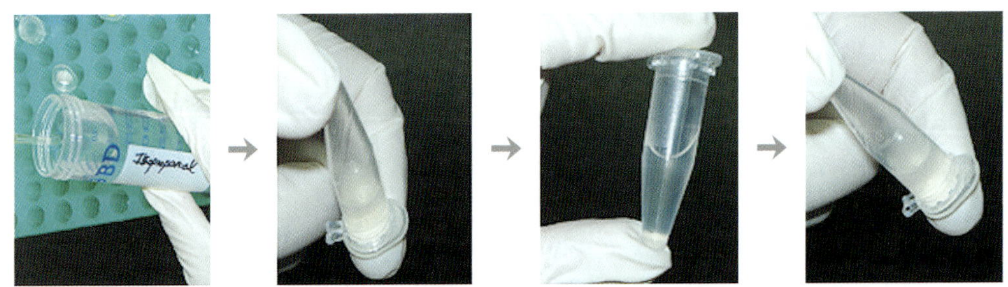

〈그림 10-15〉

j. −20℃에서 30분 정도 DNA를 침전시킨다.

k. 4℃, 12.000rpm에서 15분간 원심분리한 후 상층액을 제거한다.

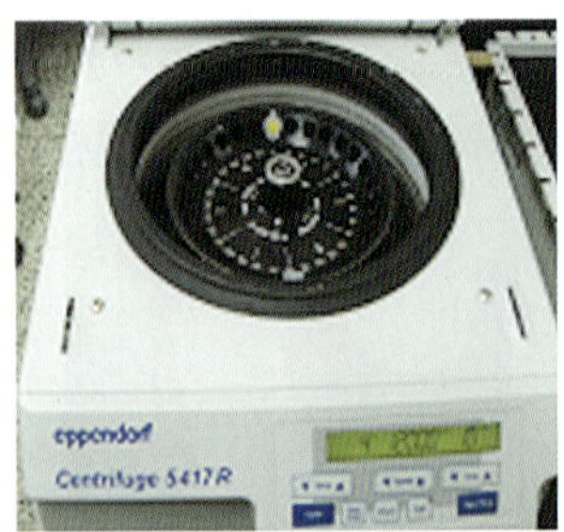

〈그림 10-16〉

l. 1mℓ의 70% ethanol을 처리하여 DNA를 닦아준다. 심하게 tube를 흔들면 DNA가 소실될 수 있으므로 조심해서 다룬다.

m. 4℃, 12,000rpm에서 10분간 원심분리한 후 상층액을 제거한다.

n. 뚜껑을 열어놓은 상태로 공기 중에서 물기를 말린다. 너무 오래 말리면 DNA를 소실할 수 있으므로 주의한다.

o. 50μℓ DW, 또는 TE buffer에 DNA를 녹인다.

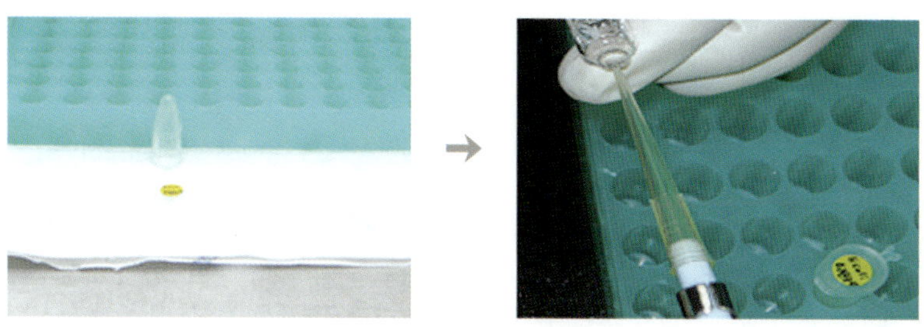

〈그림 10-17〉

p. 오래 보관할 유전체 DNA는 4℃에 보관하고, 가능하면 동결보존하지 않는다. 얼렸다 녹였다를 반복하면 DNA가 부서지기 쉽기 때문이다.

B. 분리한 유전체 DNA의 순도 확인 및 정량

분리한 DNA의 순도와 농도는 흡광도(optical density, OD)를 측정하면 알 수 있다. 흡광도란 어떤 파장의 빛이 용액층을 통과한 후 가지게 되는 광도로 핵산이나 단백질의 절대량을 나타내는 데 쓰인다. DNA와 RNA는 260nm 파장에서 흡수가 극대화되는 반면 230~240nm에서의 흡수가 가장 적고 310nm 이상의 장파장에서는 거의 흡수를 나타내지 않는다.

DNA 용액의 흡광도가 260nm에서 1이라면 DNA는 50μg/mℓ(만약 외줄의 DNA라면 40μg/mℓ)이다. 따라서 분리한 DNA의 A260(absorbance at 260nm) 측정 수치로부터 DNA의 농도를 정량할 수 있다. 한편 DNA 오염도(순도) 측정은 A260/A280 비율로 측정할 수 있다. A260/A280 = 1.8~2.0이면 분리한 DNA의 순도가 우수하다고 할 수 있으며 A260/A280 = 1.8 이하이면 DNA가 단백질이나 페놀에 의해 오염된 것으로 볼 수 있다. OD를 측정하는 방법은 다음과 같다.

a. 측정기준을 잡기 위하여 blank 용액(보통 물이나 사용한 배양액)을 사용하여 A260을 측정한다.
b. 분리한 DNA를 적정배수로 희석하여 A260에서의 OD를 측정한다.
c. A260의 OD 숫자로 DNA 농도와 순도를 계산한다.
d. 희석배수를 곱하면 용액 속에 들어있는 DNA 양 전체를 계산할 수 있다.

용어정리

○ **DNA의 순도(purity of DNA)** : 정제한 DNA는 일반적으로 흡광도법을 이용하여 순도 및 양을 결정한다. DNA 염기는 260nm 부근에서 최대 흡수치를, 기타 불순물의 단백질은 280nm에서 최대 흡수치를 가지므로 이들 파장의 흡광도비(A260/A280)를 통해 순도를 결정한다. A260/A280 값이 1.8~2.0 사이에 있을 때는 고순도를 의미하고 A260/A280 값이 1.75보다 낮으면 DNA 용액에 단백질이 오염되어 있음을 의미하므로 DNA 정제과정을 다시 시행하여야 한다. 핵산의 양은 A260 값이 1일 때 dsDNA는 50㎍/㎖, ssDNA는 40㎍/㎖, RNA는 33㎍/㎖으로 계산한다.

○ **킬레이트 시약(chelating agent)** : 금속이온과 결합할 수 있는 물질을 의미한다. 대표적인 예로 EDTA를 들 수 있다. 다양한 nuclease들이 일반적으로 Mg^{++} 요구성이기 때문에 nuclease를 불활성시켜 DNA를 보호할 목적으로 EDTA를 핵산 용액에 첨가해준다. EDTA는 Mg^{++}뿐 아니라 Ca^{++}까지도 chelating할 수 있다.

○ **RNase** : RNase는 RNA의 인산디에스테르 결합(phosphodiester bond)을 절단하여 결과적으로 RNA를 파괴하는 효소이다. RNase의 정식명칭은 리보뉴클레아제(ribonuclease)이다. 이 효소는 동 · 식물에서 세균 · 곰팡이에 이르기까지 널리 분포하며, 분자량이 비교적 작은 단백질이고 열에 매우 안정한 성질을 가지며 엄밀한 기질특이성을 가지는 것이 많다. 그 예로 RNase A는 피리미딘뉴클레오티드에 특이적이고, RNase T는 구아닐산 잔기에 특이적이다.

○ **lysozyme** : 세균의 세포벽에 있는 다당류 중의 N-아세틸뮤라민산(N-acetylmuramic acid, NAM)과 N-아세틸글루코사민(N-acetylglucosamine, NAG) 사이의 β-1, 4-글리코시드 결합을 가수분해하는 효소이다. 이 원리를 이용하여 펩티도글리칸으로 이루어진 세균의 세포벽을 파괴하여 세포내의 DNA를 추출해낼 수 있다.

○ **proteinase K** : 펩티드결합을 가수분해하는 효소로 기질에 작용하는 방식에 따라 바깥쪽에서 안을 향해 차례로 작용하는 엑소펩티다제(exopeptidase)와 기질 내부의 펩티드 결합에 직접 작용하는 엔도펩티다제(endopeptidase)로 나뉜다. Proteinase K는 강한 proteinase로서 대부분의 단백질을 파괴한다.

○ **상층액(supernatant)** : 서로 섞이지는 않으면서 비중차가 나는 물질이나 혼합물을 분리할 때 용액을 일정 시간동안 정치시키거나 원심분리한 후 생기는 윗부분의 용액을 말한다.

WORK SHEET

실험일 : 200 . . .

실험자 : ______________

〈실험결과〉

〈고찰〉

a. 분리된 DNA의 순도와 농도에 영향을 미치는 요인은 무엇인가?

b. 모든 실험에 순도 높은 DNA 분리가 항상 필요한가?

c. 같은 흡광도라도 이중나선 DNA와 외줄의 DNA가 단위 volume당 농도가 다른 이유는 무엇인가?

제11과

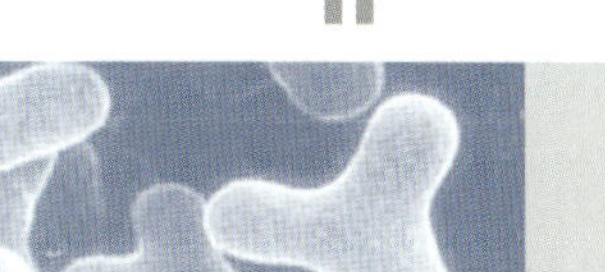

Plasmid DNA 분리

목적

a. Plasmid 분리과정의 기본 원리를 익힌다.

b. Plasmid DNA와 유전체 DNA의 차이를 익힌다.

이론 및 배경

Plasmid는 염색체와 별도로 세균에 존재하는 작은 DNA로 일반적으로 고리형태를 하고 있다. Plasmid는 염색체처럼 복제원점(origin of replication)을 자체적으로 가지고 있어 독립적으로 복제하며 다음 세대에 유전될 수도 있다. 따라서 세균의 유전체와 plasmid는 서로 독립적으로 복제될 수 있는 복제단위(replicon)이다. Plasmid는 숙주세포 당 하나 있을 수도 있고, 수십~수만개 이상이 들어있을 수도 있다.

Plasmid에는 30개 미만의 적은 유전자가 들어 있는데 숙주에게 필수적인 것은 아니다. 즉, plasmid가 없어도 세균은 정상적으로 생활할 수 있다. 이 plasmid에 실험자가 원하는 외래 유전자(insert)를 삽입한 다음 세균에 넣어주면 세균이 번식할 때 마다 재조합플라스미드(recombinant plasmid)도 함께 자랄 수 있어 원하는 유전자를 대량 생산할 수 있게 된다. 또한 재조합플라스미드를 갖게 된 세균은 형질전환되어 재조합된 유전자에 의해 만들어지는 단백질을 대량 생산할 수도 있게 된다. Plasmid는 이런 특성 때문에 실험자가 원하는 유전자를 세균에 도입하기 위한 벡터(vector)로 이용되게 되었으며 현재 plasmid에서 유래한 다양한 종류의 벡터가 유전공학에 이용되고 있다.

Plasmid DNA를 분리하는 방법은 다양하지만 모두 기본적인 3과정을 포함하고 있다. 그들은 (1) 미생물 배양에 의한 plasmid의 증폭, (2) 미생물 수집과 세포 용균 (3)

plasmid DNA의 정제이다. Plasmid DNA를 세균의 염색체 DNA로부터 분리할 수 있는 기본 원리는 다음 두 가지이다. 첫째, 세균 DNA보다 plasmid가 작다는 점과 둘째, plasmid 정제 과정 중에 세균 DNA는 여러 군데가 잘려진 linear DNA가 되는 반면 plasmid는 끝이 닫혀진 covalently closed circular DNA가 된다는 점이다. 그 결과 plasmid 정제 과정 중에 열이나 알칼리를 처리하면 세균의 유전체 DNA는 상보적인 염기와의 수소결합이 파괴되어 결과적으로 단가닥 DNA가 되지만 plasmid DNA는 원래의 모습을 그대로 가지고 있게 된다는 점이다.

이런 이유로 ethidium bromide(EtBr) 같이 염기 사이에 intercalation 되는 염료를 처리하면 두 가닥의 plasmid DNA 보다는 단일가닥인 염색체 DNA에 훨씬 많은 양의 EtBr이 삽입되어 결과적으로 두 종류의 DNA간에 밀도차이가 형성된다. 이 원리를 이용하면 CsCl gradient centrifugation과 같은 방법에 의해 높은 순도의 플라스미드 DNA를 많은 양으로 확보할 수 있게 된다.

그러나 최근에 사용되는 대부분의 유전공학 실험들은 비교적 낮은 순도의 플라스미드 DNA 소량만으로도 충분히 수행될 수 있다. 따라서 1.5㎖의 미생물 배양액만으로 시작할 수 있는 mini-scale, 혹은 small-scale의 plasmid 분리법이 널리 사용된다. 따라서 본 실험서에서는 알칼리를 이용한 small-scale plasmid preparation에 대해 설명하기로 한다.

실험재료

a. Lysis buffer(50mM glucose, 10mM EDTA, 25mM Tris-HCl pH 8.0)
b. Lysozyme(10mg/㎖)
c. Potassium acetate solution(pH 4.8)
 (5M potassium acetate 60㎖, glacial acetate 11.5㎖, 증류수 28.5㎖)
d. NaOH
e. SDS
f. Ethanol
g. Phenol/chloroform(1:1) 용액

참조	Phenol과 chloroform의 혼합 용액은 다음과 같이 만든다. Phenol을 증류하고 여기에 0.5M Tris buffer(pH 8.0)를 동량으로 섞어 30여분 교반한 다음 상층액(buffer)만 따라버리고, 새로운 Tris buffer (pH 0.8)로 동일한 과정을 되풀이한다. 0.1% hydroxyquinoline을 첨가하고 동량의 chloroform과 혼합한다.

h. Chloroform/isoamyl alcohol(24:1) 용액
i. Pancreatic RNase(20㎍/㎖)
j. TE buffer
k. Antibiotics
l. Microcentrifuge tube
m. Microcentrifuge

실험방법

a. Colony 하나를 백금이로 떠서 적절한 항생제가 들어 있는 배지에 넣고 37℃에서 하룻밤동안 진탕배양한다.
b. Microcentrifuge tube에 배양액 1.5㎖을 넣고 4℃, 12,000rpm에서 1분간 원심 분리한다. 나머지 배양액은 4℃에 보관한다.
c. 상층액은 버리고 세포 침전물에 lysis buffer(4℃)(Solution Ⅰ) 100㎕를 넣고 완전히 혼탁시킨다.
d. 실온에 5분간 방치한다.
e. 여기에 0.2N NaOH/1% SDS 용액(4℃)(Solution Ⅱ) 200㎕를 가하고 tube를 재빨리 2~3번 거꾸로 한 후, 얼음에서 5분간 방치한다.
f. Potassium acetate 용액(Solution Ⅲ) 150㎕(4℃)를 넣고 tube를 거꾸로 한 채로 약 10초간 vortex 한다.
g. Microcentrifuge로 5분간 4℃에서 원심분리한다.
h. 상층액을 새로운 tube에 옮겨 담는다.
i. 동일량의 phenol/choloroform을 넣고 vortex한 후 2분간 원심분리하고 상층액은 새 tube에 옮긴다. Choloroform 용액은 choloroform과 isoamylalcohol을 24:1(v/v)의 비율로 혼합하여 만든다.
j. Ethanol을 2배 분량 넣고 잘 혼합한 후 실온에 2분간 방치한다.
k. 상온에서 5분간 원심분리한 후 상층액은 버린다.
l. DNA 침전물에 70% 에탄올(-20℃) 1㎖을 넣고 한번 더 vortex한 후 원심분리한다.
m. 다시 상층액은 버리고 침전된 DNA를 진공에서 말린다.

n. DNase가 섞여 있지 않은 pancreatic RNase(20㎍/㎖)가 포함된 TE buffer(pH 8.0)를 50㎕ 첨가하여 DNA를 잘 녹인다. 1.5㎖의 배양액으로부터 최종 DNA 수율은 약 2~5㎍ 정도이다.

〈그림 11-1〉

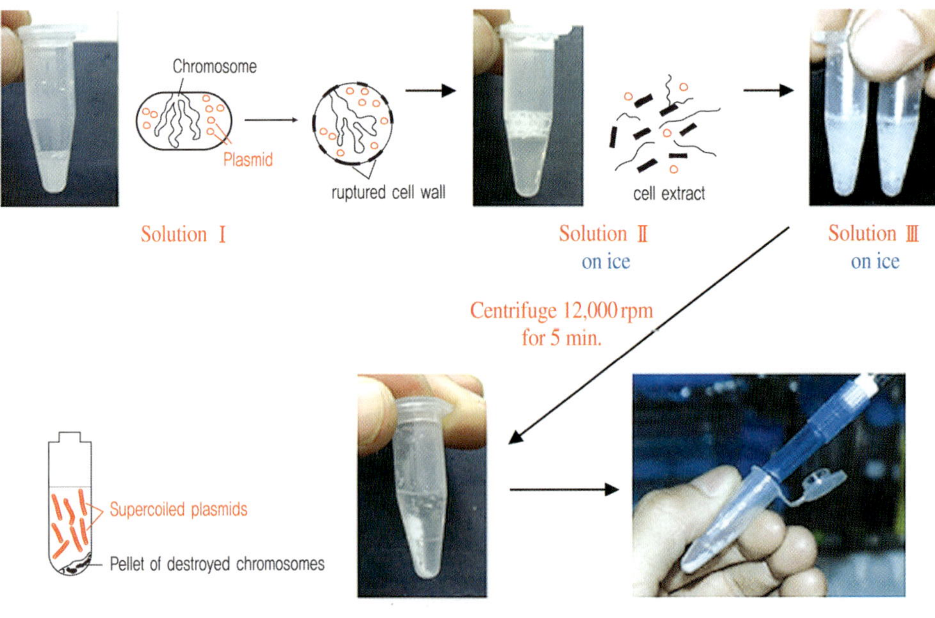

〈그림 11-2〉

용어정리

○ **복제원점(replication origin)** : DNA 복제가 시작되는 부위. Helicase가 복제원점을 인식하여 이곳의 수소결합을 절단하면 DNA가 풀리기 시작하면서 DNA 복제가 시작될 수 있다. 원핵세포는 하나의 복제원점을 가지며 복제원점을 중심으로 양 방향으로 복제가 진행되고, 진핵세포는 DNA의 크기가 워낙 크기 때문에 수백 개의 복제원점을 가지고 있어서 짧은 시간 내에 DNA 복제를 효율적으로 완료할 수 있다.

○ **유전자(gene)** : DNA 중에서 단백질을 암호화하고 있는 부분을 의미하며 유전정보를 담당하는 단위이다. 각각의 유전자의 차이, 즉 염기서열과 크기 차이에 따라 서로 다른 단백질이 만들어진다.

○ **형질전환(transformation)** : 외부로부터 유입된 DNA에 의해 생물의 유전적인 성질이 변하는 것을 의미한다. 형질전환은 크게 세 가지로 나누어 볼 수 있다. 단순한 형질전환은 DNA를 세포 내로 직접 집어넣는 방법이고, 접합(conjugation)은 두 박테리아가 결합하여 세포질 통로(sex pili)가 형성된 다음 이 통로를 통해 공여자 박테리아의 플라스미드가 수여자 박테리아로 복제되어 전달되는 현상이고, 형질도입(transduction)은 바이러스 혹은 박테리오파아지를 이용해서 외래 DNA를 박테리아의 염색체 내로 삽입하여 성질을 변환시키는 것을 의미한다.

○ **진탕배양(shaking incubation)** : 호기성 세균을 액체배지에서 배양할 때 세균의 활발한 증식을 위해서 배양액에 산소를 공급하기 위해 일정한 속도로 흔들어 주며 배양하는 방법. 일반적으로 진탕하는 속도가 빠를수록 세균이 더 잘 자란다.

WORK SHEET

실험일 : 200 . . .

실험자 : ____________

〈실험결과〉

〈고찰〉

a. Plasmid DNA를 유전체 DNA로부터 분리할 수 있는 원리는 무엇인가?

b. Plasmid DNA 분리과정에서 알칼리 처리가 필요한 이유는 무엇인가?

c. 분리된 plasmid DNA를 전기영동하면 어떤 모습인가?

제12과

제한효소(Restriction Endonuclease)

목적

a. 제한효소의 반응원리를 이해한다.

b. 서로 다른 제한효소들의 특성을 이해한다.

c. 제한효소 반응시 고려해야 할 점에 대해 숙지한다.

이론 및 배경

제한효소는 박테리아 세포에 원래부터 존재하는 효소로, 외부로부터 들어오는 외래 DNA를 제거하여 자신의 유전체를 보호하는 기능을 한다. 제한효소는 외래 DNA를 제한(restriction)하고 핵산의 내부를 절단하는 효소(endonuclease)이므로 restriction endonuclease라고 한다.

제한효소의 명칭은 각 제한효소가 분리된 박테리아의 이름에서 유래한다. 즉 *Escherichia coli* R strain으로부터 분리한 제한효소이고 그 박테리아에서 처음 분리된 효소인 경우에는 *Eco*RI이라 명칭한다. 박테리아명에 해당하는 앞의 세글자는 이탤릭으로 표시한다는 점에 유의하자. *Hae*III 제한효소는 *Haemophilus influenza* 박테리아에서 분리한 세번째 제한효소이다.

제한효소는 4~9개의 특수한 염기서열을 인식하여 그 염기서열 부분을 절단하는 특성이 있다. 예를 들어 *Eco*RI은 GAATTC라는 6개의 염기서열을 인식하고 절단한다. 이 염기서열이 외부에서 침략한 DNA에 존재하면 그 부위를 절단해 버린다. *Hae*III는 네 개의 염기서열(GGCC)을 인지하고 절단한다. 따라서 제한효소가 인지하는 염기서열의 수에 따라 제한효소를 4염기 절단자(4-base cutter) 혹은 6염기 절단자(6-base cutter) 등으로 구분할 수 있다. 한편 제한효소에 의해 절단된 DNA 부위의 생긴 모양에 따라 점착성 말단(sticky end)과 편평말단(blunt end)으로 나눌 수 있다.

세균은 자신의 DNA는 절단되지 않도록 메틸화(methylation) 시켜 보호한다. 메틸화된 DNA는 제한효소에 의해 절단되지 않는다. 제한효소를 처리할 때는 그 제한효소가 작용할 수 있는 buffer와 함께 처리해야 하며, 그 제한효소가 작용할 수 있는 온도(대개 37℃, 간혹 25℃)에서 반응시켜야 한다. 제한효소의 양을 나타내는 단위인 1 U(unit)는 1㎍의 DNA를 1시간 안에 절단할 수 있는 양의 제한효소를 일컫는다.

여러 종류의 DNA를 동일한 제한효소로 처리하면 각 DNA가 가지고 있는 염기서열 차이 때문에 잘린 DNA 조각의 크기와 수가 서로 다르게 된다. 이를 Restriction Fragment Length Polymorphism(RFLP, 제한절편길이다형성)이라 한다. 이 원리를 이용하여 두개의 DNA가 서로 같거나 다른 DNA임을 확인할 수 있다.

실험재료

a. λ virus DNA

b. *Hin*dIII(6-base cutter)

c. *Sma*I(4-base cutter)

d. *Hin*dIII buffer, *Sma*I buffer

e. 37℃와 25℃로 setting된 water bath

f. Micropipette

g. Micropipette tip

h. Microcentrifuge

i. Microcentrifuge tube

j. Gel loading dye

k. 전기영동장치

실험방법

a. λ virus DNA 1㎍에 2~5 U의 *Hin*dIII와 buffer로 반응액을 만들어 37℃에서 1시간 반응시킨다.

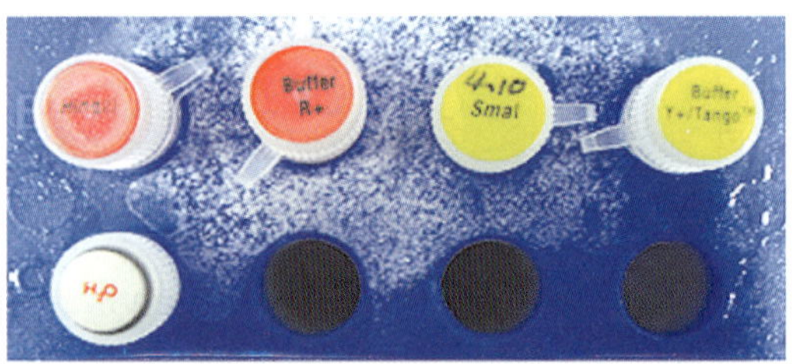

〈그림 12-1〉

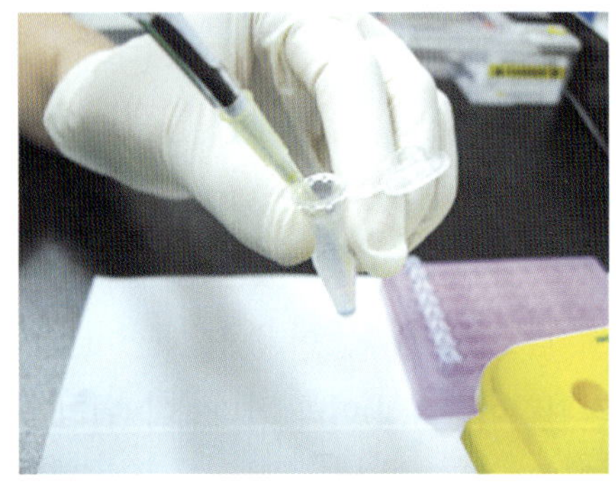

〈그림 12-2〉

반 응 액	
λ 바이러스 DNA	5㎕(200ng/㎕)
*Hin*dIII	2㎕(10X)
*Hin*dIII Buffer	1㎕(5 U/㎕)
ddH_2O	12㎕
Total	20㎕

b. λ 바이러스 DNA 1㎍에 2~5 U의 *Sma*I과 buffer로 반응액을 만들어 25℃ 처리, 1시간 반응시킨다.

반 응 액	
λ 바이러스 DNA	5㎕(200ng/㎕)
*Sma*I	2㎕(10X)
*Sma*I Buffer	1㎕(5 U/㎕)
ddH_2O	12㎕
Total	20㎕

c. 2㎕의 10X gel loading dye를 첨가하여 agarose gel에 전기영동하여 제한효소반응 결과를 확인한다.

참조 시판되는 제한효소는 대부분 10X reaction buffer와 함께 제공된다.

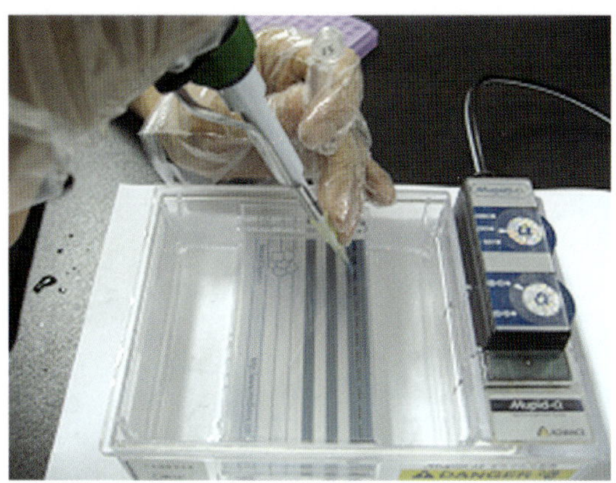

〈그림 12-3〉

용어정리

○ **염기서열(DNA sequence)** : DNA의 기본 구성단위는 뉴클레오티드이다. 뉴클레오티드는 염기 종류에 따라 아데닌(A), 구아닌(G), 티민(T), 시토신(C)의 4종류가 있다. 유전정보는 이 네 가지 염기가 배열된 것으로, 3개의 염기가 모여 하나의 아미노산을 지정하므로 염기서열의 차이에 의해 유전자 산물이 결정된다.

○ **점착성말단(sticky end)** : DNA를 제한효소로 자르거나 물리적인 충격에 의해 DNA가 조각났을 때 한쪽 가닥이 다른 가닥보다 길게 나온 경우를 점착성말단이라 한다. 동일한 제한효소 처리에 의해 생성된 insert DNA와 vector의 점착성말단은 서로 상보적이기 때문에 유전자의 클로닝 효율을 높일 수 있어서 매우 유용하다.

○ **편평말단(blunt end)** : DNA를 제한 효소로 처리하여 생긴, 끝이 튀어나온 부분 없이 두 가닥 모두 길이가 동일할 때 그 끝부분을 편평말단이라고 부른다. 이런 경우는 클로닝을 할 때 insert DNA와 vector가 서로 상보적으로 붙을 수 있는 부분이 없어서 클로닝 효율이 매우 낮다.

○ **DNA 메틸화(methylation of DNA)** : DNA를 불활성화 시키는 방법의 하나로 특정 염기에 메틸기(-CH_3)를 첨가하는 것. DNA가 메틸화되면 효소들이 DNA에 물리적으로 접촉할 수 없기 때문에 DNA가 불활성화된다. 대장균은 세포내에 제한효소들을 가지고 있어 외부 DNA(바이러스)가 침입하면 이를 잘라버려서 자신을 보호하는데 이때 자신의 DNA는 미리 메틸화시켜놓기 때문에 제한효소가 인식하지 못해 스스로 보호할 수 있다.

○ **효소의 기질(substrate for enzyme)** : 특정한 효소는 특정한 기질(substrate)하고만 반응을 한다. 즉, 효소는 기질의 특정한 어떤 결합부위를 인식하고 그 부위를 갖는 기질에만 결합하여 반응을 일으킨다. 분자생물학에서는 이러한 효소의 기질특이성을 제한효소와 제한효소인식부위의 관계로 볼 수 있다. 제한효소는 특정 염기서열을 인식하여 절단한다.

WORK SHEET

실험일 : 200 . . .

실험자 : ____________________

〈실험결과〉

〈고찰〉

a. *Hind*III와 *Sma*I에 의해 잘린 λ DNA는 서로 어떻게 다른가?

b. 서로 다른 이유는 무엇인가?

c. *Hind*III와 *Sma*I의 반응조건은 어떻게 달랐는가? 그 이유는 무엇인가?

제13과

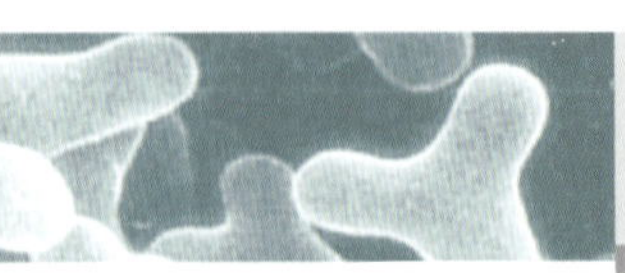

유전자 재조합 실험(Cloning)

목적

유전자재조합 과정과 원리를 이해하고 사용되는 효소들에 대해 익숙해진다.

이론 및 배경

원하는 유전자를 대량생산하기 위해 유전자재조합을 수행할 수 있다. 원하는 유전자를 plasmid 벡터(vector)와 재조합하고, 재조합된 DNA를 박테리아로 형질전환하여 원하는 유전자를 보유한 박테리아 clone을 확보한 뒤, 다량의 클론 박테리아로부터 plasmid를 분리하여 원하는 유전자를 다시 다량 확보할 수 있다.

벡터란 원하는 유전자를 박테리아에 운반해 주는 역할을 하는 DNA를 일컫는다. 다양한 기능의 plasmid 벡터들이 개발되어 있는데 공통적으로 다음의 4가지 주요 부위로 구성되어 있다.

(1) Plasmid가 독립적으로 복제하는데 필요한 복제원점(replication origin)
(2) 원하는 유전자를 삽입할 수 있는 클로닝 부위(multiple cloning site)
(3) 재조합 DNA가 형질전환된 세포를 선별하기 위한 항생제 내성유전자 (antibiotic resistance gene)
(4) Plasmid 벡터에 원하는 유전자가 재조합되었는지를 알기위한 color selection gene, 보통은 β-galactosidase

유전자재조합에 의한 전체 클로닝 과정은 다음과 같다

(1) 원하는 유전자를 확보하는 과정
(2) 원하는 유전자와 재조합할 벡터 DNA를 준비하는 과정
(3) 원하는 유전자와 벡터 DNA를 재조합하는 과정
(4) 재조합 DNA를 박테리아에 삽입하는 형질전환(transformation) 과정
(5) 형질전환된 박테리아 클론을 선별하는 과정
(6) 형질전환된 박테리아 안에 원하는 재조합 DNA가 제대로 들어갔는지 확인하는 과정

실험재료

a. 제한효소로 잘린 plasmid 벡터
b. 같은 제한효소로 잘린 insert DNA
c. T4 DNA ligase
d. 10mM ATP,
e. LB broth와 LB plate
f. $CaCl_2$ 용액(50mM $CaCl_2$, 10mM Tris-Cl, pH 8.0)
g. Ampicillin
h. X-gal
I. IPTG

실험방법

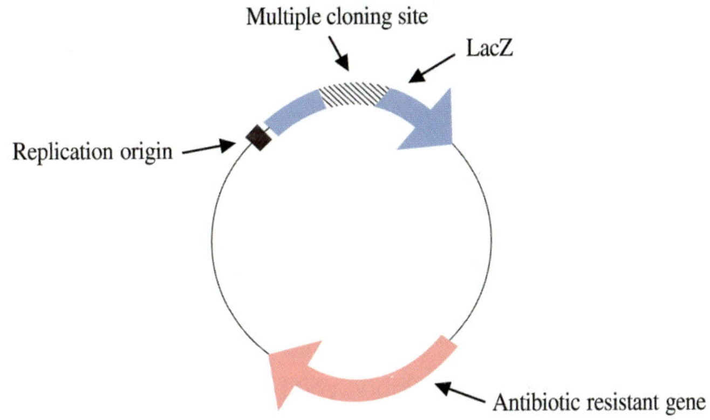

〈그림 13-1〉 Vector DNA의 일반적인 구조

A. 원하는 유전자의 확보과정

PCR을 이용하거나 제한효소를 사용하여 원하는 DNA 단편을 얻는다. PCR에 의한 DNA 증폭과정은 앞서 설명한 바 있고, 제한효소를 이용한 insert DNA 확보 과정 역시 제한효소 부분에서 설명하였으므로 여기서는 생략하도록 한다.

B. 백터 DNA

PCR로 얻은 DNA는 PCR 클로닝용 벡터인 T-cloning 벡터에 클로닝한다. PCR 산물은 3' DNA 말단에 A-뉴클레오티드가 하나 더 붙어 만들어지기 일쑤이다. T-cloning 벡터는 5' 말단에 T-뉴클레오티드를 하나 더 가지고 있기 때문에 이런 PCR 산물을 직접 클로닝하는데 적합하다.

제한효소로 자른 insert DNA와 벡터를 쉽게 연결하기 위해서는 벡터로 사용될 DNA도 insert DNA와 같은 제한효소로 처리하는 것이 중요하다. 불가피하게 벡터 DNA와 insert DNA의 양 말단의 제한효소가 다르게 처리되었다고 한다면 제한효소 insert 말단과 벡터 DNA 말단을 blunt end로 만들어 ligase 처리를 해야 하지만 매우 비효율적이다.

C. Ligation

DNA Ligase를 이용하여 원하는 유전자와 벡터 DNA를 연결한다. Ligation은 DNA의 5'-phosphoryl기와 3'-hydroxyl기가 phosphodiester bond를 이루도록 하는 반응으로 nick이 생긴 DNA들, 또는 linear form의 DNA들을 연결해주는 반응이다. 이 반응은 세포의 DNA recombination, replication, repair 과정에 없어서는 안될 과정으로 유전자재조합 기술에서 원하는 유전자를 벡터에 연결하고자 할 때 사용되는 반응이다.

DNA ligase는 T4 DNA ligase와 *E. coli* DNA ligase가 많이 쓰이는데 T4 DNA ligase는 cofactor로써 ATP를 요구하는 반면에 *E. coli* DNA ligase는 NAD^+를 요구하는 점이 다르다.

Ligation 반응에는 두 종류가 있다. Cohesive(sticky)-end DNA ligation과 blunt-end ligation으로 각각 반응조건은 다음과 같다.

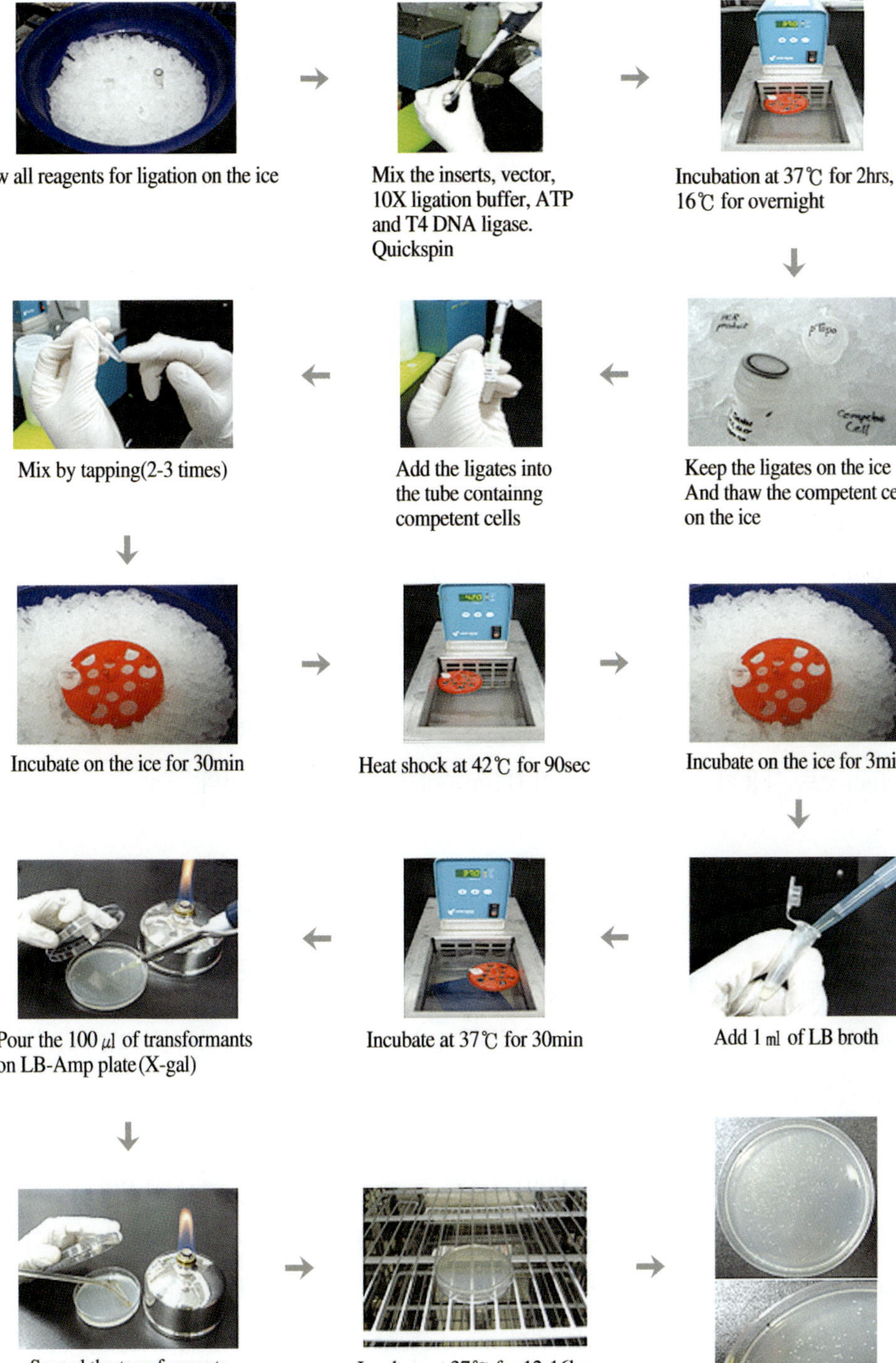
Thaw all reagents for ligation on the ice
Mix the inserts, vector, 10X ligation buffer, ATP and T4 DNA ligase. Quickspin
Incubation at 37℃ for 2hrs, or 16℃ for overnight
Keep the ligates on the ice And thaw the competent cell on the ice
Add the ligates into the tube containng competent cells
Mix by tapping(2-3 times)
Incubate on the ice for 30min
Heat shock at 42℃ for 90sec
Incubate on the ice for 3min
Add 1 ㎖ of LB broth
Incubate at 37℃ for 30min
Pour the 100 ㎕ of transformants on LB-Amp plate(X-gal)
Spread the transformants
Incubate at 37℃ for 12-16hrs

● Cohesive-end ligation

a. Sticky 말단을 만드는 제한효소로 각각 자른 insert DNA와 벡터 DNA를 3:1 혹은 5:1의 비율로 DW 10㎕에 녹인다. 반응 용량은 되도록 적게(〈20㎕)하여야 한다.
b. 10X ligation buffer 2㎕와 10mM ATP 2㎕를 섞고 증류수로 최종 용량이 19㎕가 되도록 한다.
c. T4 DNA ligase 1㎕를 넣고 잘 섞은 후 microcentrifuge tube로 12,000rpm에서 3-5초 quick spin 한다.
d. 12~16℃에서 4~16시간 반응시킨다.
e. 반응이 끝난 ligation 용액은 바로 *E. coli* transformation에 사용하거나 바로 사용하지 않을 경우에는 -20℃에서 얼려둔다.

● Blunt-end ligation

Blunt 말단 DNA를 가진 ligation은 sticky 말단 DNA ligation보다 어려워 반응 효율이 1/100 정도 낮다. 따라서 cohesive 말단 DNA의 ligation보다 적어도 10~30배 이상의 T4 DNA ligase를 사용하며 반응온도도 22℃로 올려주어 반응을 촉진시킨다. Cofactor로 사용되는 ATP의 농도가 0.5mmole일 때 최적조건이다.

D. 형질전환

재조합된 DNA와 competent 상태인 세균을 섞어 주면 재조합 DNA가 competent 세포에 들어가 형질전환시킨다. 박테리아 세포의 형질전환은 박테리아를 $CaCl_2$로 처리한 다음 잠시 열처리를 하면 박테리아가 DNA를 섭취할 수 있는 competent 상태로 된다는 사실을 발견함으로써 가능해졌다.

위와 같은 발견을 바탕으로 그동안 균주를 개량하거나 $CaCl_2$ 대신 여러가지 2가 양이온을 혼합하여 사용하거나, 또는 DMSO와 같은 환원물질 등을 사용하여 대장균의 형질전환효율을 높이려고 시도하였고 현재 그 성공률이 10^7~10^9 transformants/㎍ DNA에 달할 수 있게 되었다. 형질전환을 위한 competent 세포로는 HB101, DH5 등 다양한 종류의 대장균 strain이 사용된다.

● Competent cell 만들기($CaCl_2$ 방법)

a. 사용할 *E. coli* 균주를 실험 하루 전에 5㎖ LB broth에 접종하여 37℃에서 밤새 배양한다.

b. 삼각플라스크(500~1,000㎖ 용량)에 50~100㎖ LB broth를 넣고 밤새 키운 배양액 0.5㎖을 접종한다.

c. 37℃ shaker에서 세게 흔들어 주면서 키우다가 OD_{600}이 0.4 정도 되면 배양을 끝내고 얼음에 10분간 놓아둔다. 20~30분 간격으로 배양액의 OD_{600}을 측정함으로써 세포성장을 관찰한다. 형질전환 효율을 높이기 위해서는 살아있는 세포수가 10^8 cells/㎖을 초과하지 않아야 한다. 성장곡선의 지수기인 OD_{600} 0.3~0.4일 때 효율이 제일 좋다.

d. 배양액을 50㎖ 원심분리용 tube에 옮겨 5,000rpm으로 4℃에서 10분간 원심분리한다.

e. 상층액은 남김없이 버리고 세포 침전물에 미리 차게 해둔 멸균된 $CaCl_2$ 용액을 원래 부피의 1/5 정도 가한 다음 세포를 혼탁시킨다.

f. 얼음 위에 15분간 놓아두었다가 5,000 rpm으로 4℃에서 10분간 원심분리한다.

g. 상층액은 남김없이 버리고 미리 차게 해둔 멸균된 $CaCl_2$ 용액을 원래의 1/50 부피되게 가하여 혼탁시킨다.

h. 얼음 위에 30분간 놓아두었다가 미리 차게 해둔 시험관 혹은 1.5㎖ 원심분리용 tube에 0.2㎖씩 나누어 놓는다.

참조	형질전환 효율을 증가시키려면 4℃에서 12~24시간 놓아두었다가 사용하는 것이 좋으며 이 동안에 형질전환 효율이 4~6배 정도 증가하는 것으로 보고되었다. 이 단계에서 세포를 소량씩 나누어 액체질소로 얼린 다음 -70℃에 보관할 수 있다. 이 상태로 세포는 competency를 오랫동안 지니고 있으나 시간이 지날수록 효율은 점차 감소된다.

● 형질전환반응

a. Competent 세포 0.2㎖이 들어있는 시험관(얼음에 보관할 것)에 ligation 반응을 마친 DNA를 첨가하고 competent cell이 자극받지 않도록 살살 섞는다. DNA 양은 50ng이 넘지 않고 용량은 10㎕를 넘지 않아야 형질전환효율이 좋다.

b. 얼음에서 30분간 놓아둔다.

c. 42℃ 항온수조에서 90초간 열처리(heat-shock)하고 바로 얼음에 옮겨 1~2분간 차게 식힌다.

d. LB 배지를 1㎖씩 각 시험관에 첨가하고 37℃ 45~60분간 흔들지 않고 배양한다.

e. 형질전환된 세포를 선별하기 위해 항생제와 X-gal, IPTG가 포함된 LB plate에 적당량의 세포를 골고루 펴서 말린다.

f. Plate를 뒤집어서 37℃에서 배양한다. 12~16시간 후에는 형질전환된 콜로니가 나타난다.

g. 유전자재조합 DNA로 형질전환된 세포의 clone을 다량 배양하여 플라스미드 분리법을 이용하여 재조합 DNA를 분리하고 원하는 재조합 DNA가 만들어졌는지의 여부를 제한효소를 이용하여 확인한다.

[참조]

- 이때 벡터의 항생제 내성유전자가 발현된다. 따라서 이 벡터로 형질전환된 세포만이 항생제에 대한 내성을 갖게 되고 반면에 벡터가 들어가지 않은 세포는 항생제에 감수성을 보이게 된다.
- 한편 원하는 insert DNA가 벡터에 ligation됨을 알기 위해서는 color selection을 한다. 즉, 벡터에는 insert DNA가 삽입될 cloning 부위에 파란색을 나타내는 β-galactosidase 유전자가 포함되어 있어 이 부위에 insert DNA의 삽입이 없으면 형질전환된 대장균 콜로니의 색깔이 파란색을 띠게 된다. 반면 이 클로닝 부위에 insert DNA가 삽입되면 형질전환된 세포의 콜로니가 흰색을 띠게 되어 ligation에 의해 재조합 DNA가 형성되었는지를 알 수 있게 해준다.

참조 형질전환 효율에 따라 형질전환된 세포의 수가 달라지므로 형질전환 실험 전에 사용할 competent 세포의 형질전환률을 알아놓는 것이 좋다. Ampicilllin을 사용하는 경우에는 50~100㎍/㎖이 적절하다. Ampicillin을 사용하는 경우에는 형질전환된 세포 선별을 위해 16~18시간 이내로 배양을 중지해야 한다. 형질전환된 균으로부터 β-lactamase가 배지로 방출되어 항생제를 분해해 버리기 때문이다.

참조 콜로니가 나타난 세포는 모두 항생제·내성유전자를 가진 백터에 의해 항생제 감수성에서 항생제 내성으로 형질이 전환된 세포임을 뜻한다. 콜로니의 색깔이 흰 세포는 ligation에 의해 insert DNA와 백터 DNA의 재조합이 일어났음을 보여준다.

용어정리

○ **클로닝 부위(cloning site)** : 플라스미드 vector에 원하는 유전자를 삽입할 때 insert 유전자의 양 끝을 보통 제한효소 처리한다. 이때 동일한 제한효소로 처리된 플라스미드와 insert DNA는 서로 상보적인 결합을 하기 때문에 쉽게 클로닝을 할 수가 있다. 플라스미드 구조에는 다양한 제한효소들이 인식할 수 있는 부위가 따로 있어 주로 이부분에 클로닝을 하게 되는데 이를 멀티클로닝부위(multicloning site)라고 한다.

○ **항생제 내성 유전자(antibiotics resistant gene)** : 유전공학에 사용되는 플라스미드 vector는 구조 안에 항생제 내성 유전자를 가지고 있다. 항생제 내성 유전자는 항생제의 활성을 무력화시키는 유전자산물을 암호화하고 있는 유전자이다. 따라서 이러한 유전자를 가진 플라스미드로 대장균을 형질전환시키면 이 형질전환된 대장균은 항생제가 있어도 죽지 않고, 또 항생제가 존재하는 환경에서 계속 살아남기 위해 그 플라스미드를 유지하게 된다. 이러한 성질을 이용하여 insert DNA가 삽입된 플라스미드를 안정적으로 보존할 수 있다.

○ **ligase** : 두 개의 DNA 분자를 연결해 주는 효소. 클로닝 과정에서 플라스미드 vector와 insert DNA를 연결할 때 사용된다. 주로 T4 bacteriophage에서 분리한 T4 DNA ligase를 많이 사용한다.

○ **적격세포(competent cell)** : 외부의 유전물질(주로 플라스미드)을 받아들일 수 있도록 특수 처리된 세포이다. 외부 유전물질을 받아들여 자신을 형질전환(transformation)시킬 수 있는 능력이 있는 세포를 말한다. 적격세포는 일반적으로 세포에 $CaCl_2$를 처리하거나(heat-shock) 10% Glycerol로 씻어 전기충격(electroporation)을 주어 만들게 된다.

○ **원심분리(centrifugation)** : 원심력에 의해 용액, 혼합액, 또는 현탁액의 성분이나 비중이 서로 다른 물질을 분리, 정제하는 방법이다.

WORK SHEET

실험일 : 200 . . .

실험자 : ________________

〈실험결과〉

〈고찰〉

a. 유전자재조합이란 무엇인가?

b. 형질전환이란 무엇인가?

c. Competency란 무엇인가?

d. 형질전환 세포를 선별하기 위해 사용되는 방법은 무엇인가?

e. Ligation 반응에 필요한 요소는 무엇인가?

f. 유전자재조합 DNA에 의해 형질전환된 세포의 확인은 어떻게 하는가?

제14과

박테리오파아지(Bacteriophage) 실험

목적

a. 바이러스의 생물학적 특성을 이해한다.
b. 바이러스의 물리적 특성을 이해한다.
c. 바이러스의 정량방법을 이해한다.

이론 및 배경

M13은 단가닥으로 이루어진 circular DNA를 genome으로 갖는 막대모양의 대장균 감염바이러스(coliphage)이다. 총 6,408개의 염기로 이루어져 있다. 이 바이러스는 sex facotr(F)를 갖는 대장균에만 특이적으로 감염하는데, 감염된 대장균은 죽지 않지만 성장률이 현저히 떨어지므로 plaque를 형성한다.

단가닥인 M13은 세포를 감염하면 자신의 DNA 복제를 위해 일시적으로 두가닥인 DNA로 만들어지는데 이를 Replicative Form(RF)이라 한다. 이 RF를 이용하여 자신의 유전체인 단가닥 DNA와 바이러스 캡시드인 단백질을 만들며 이를 이용하여 바이러스가 완성된다. 바이러스가 완성되면 세포로부터 밖으로 나오게 되며 따라서 세포 배양액으로부터 파지를 정제하고 이 파지로부터 순수한 단가닥 DNA의 정제가 가능하다.

M13 바이러스에는 바이러스의 복제에 필요하지 않은 DNA 부위가 존재하여 이 부위에 클로닝 부위가 도입된 M13 벡터가 만들어졌다. 이렇게 만들어진 RF 형태의 M13을

클로닝 벡터로 사용하면 단가닥 DNA를 만들어낼 수 있으며 이와 같은 M13의 RF는 sequencing에 이용될 template 제조나 site-directed mutagenesis, 그리고 hybridization probe 제작 등에 이용이 가능하다.

여기서는 M13 파지를 이용하여 바이러스의 용균반점형성실험(plaque assay), 박테리오파지의 정제, 그리고 M13 바이러스의 단가닥 DNA 및 이중가닥 DNA 형태인 RF DNA의 정제방법에 대해 알아보기로 하자.

실험재료

a. TE buffer(0.01M Tris-HCl pH 8.0, 1mM EDTA)

b. TES buffer(20mM Tris-HCl pH 7.5, 10mM NaCl, 0.1mM Na_2EDTA)

c. 20% PEG 6,000, 2.5M NaCl

d. 0.5% sarkosyl

e. Top agar(100㎖ 당 10g Bacto-tryptone, 8g Bacto-agar, 5g NaCl)

f. 0.4% glucose

g. Casamino acids

실험방법

A. 용균반점형성실험(plaque assay)

a. M13 파지를 TE buffer로 단계희석한다.

b. 적절하게 희석된 파지 0.1㎖(수십-수백개의 파지가 들어 있을 것으로 추정되는 희석배수)를 M13 파지의 숙주대장균(F+) 배양액(OD_{595}=1.0) 0.1~0.2㎖이 첨가된 top agar(3㎖, 45℃)와 잘 혼합한다.

참조	Top agar는 사용직전에 준비하고 멸균된 tube에 미리 3㎖씩 분주해서 45℃ 항온수조에 보관함으로써 액체 상태를 유지하도록 한다. 여기에 숙주세포와 파지 희석액을 넣고 tapping하면서 공기방울이 생기지 않도록 잘 섞어 준다.

c. 위의 혼합물을 LB plate 위에 천천히 붓고 top agar가 plate 전체 표면에 골고루 퍼지도록 plate를 돌리면서 잘 섞어 준다. 완전히 굳을 때까지 실온에 둔다.
d. 위의 plate를 37℃에서 하룻밤 배양한다. 8~12시간이 경과하면 plaque가 보이기 시작하며 16~18시간 후면 plaque의 숫자를 세어 바이러스의 titer를 결정할 수 있다.

B. 박테리오파아지 정제(bacteriophage purification)

a. 밤새 기른 대장균(F+)을 50~100배 희석하여 LB broth에 접종하고, OD_{595} 값이 0.1~0.2 정도 되도록 37℃에서 진탕배양한다.
b. M13 파지를 약 10^9 pfu/㎖ 농도로 접종한 후 37℃에서 16~18시간 배양한다.
c. 배양액을 4℃, 8,000rpm에서 10분간 원심분리한다. 이때 상층액의 파지 농도는 2~5 X 10^{12} pfu/㎖이 된다.

참조 pfu는 plaque forming unit의 약자로서 바이러스의 titer를 나타내는 단위이다.

d. 상층액에 5M NaCl과 50% (w/w) PEG 6,000을 각각 1/10 부피씩 가해주고 잘 섞은 후 얼음에 10~15분간 방치한다.
e. 8,000rpm에서 15분간 원심분리하여 파지를 침전시킨다.
f. 상층액은 버리고 파지 침전물에 0.5% sarkosyl이 첨가된 TE buffer를 1/20 부피로 가해 잘 혼탁시킨다.
g. 〈e~f〉 과정을 다시 한번 거쳐 파지를 정제한다.
h. 파지 침전액에 1/100 부피의 TE buffer를 가하여 혼탁시킨다. M13 파지는 다른 박테리오파지와는 달리 organic solvent에 매우 불안정하므로 정제와 보관에 유의한다.

C. 파아지 DNA 분리실험(bacteriophage DNA isolation)

● Replicative Form 이중가닥 M13 DNA의 분리

a. 숙주로 사용할 대장균(F+)을 0.4% glucose와 0.2~0.5% casamino acids가 함유된 LB 배지에서 OD_{595} 값이 0.7~0.8 정도 될 때까지 37℃에서 진탕배양한다.

b. M13 파지를 약 10^{10} pfu/mℓ의 농도로 접종한 후 90분간 더 배양한다.
c. 배양액을 12,000 rpm, 4℃에서 5분간 원심분리한다.
d. 침전물로부터 M13 RF DNA의 정제는 plasmid 정제법과 동일하다(제10과 plasmid DNA 분리 참조).

● 단가닥 M13 DNA의 분리

a. LB배지 1mℓ에 숙주 대장균(F+) [(5 X 10^6 cfu(OD595 0.1~0.2)] 배양액 10㎕와 plaque 하나를 멸균된 피펫이나 이쑤시개로 콕 찍은 것을 함께 접종하고 37℃에서 8시간 진탕배양한다.
b. Microcentrifuge tube에 배양액을 옮긴 후 10분간 원심분리한다.
c. 상층액 0.8mℓ에 20% PEG, 2.5M NaCl 용액 0.2mℓ을 넣고 실온에 15분간 방치한다.
d. 5분간 microcentrifuge를 이용하여 원심분리한 후 상층액을 버린다. 이때 튜브벽에 붙은 물기를 가능한 모두 제거한다.
e. TES buffer 100㎕를 침전물에 가하고 2초간 vortex한다.
f. TE buffer로 포화된 phenol 50㎕를 가하여 2초간 vortex하고 실온에 5분간 방치한 후 2초간 더 vortex하고 5분간 실온에 방치한다.
g. Microcentrifuge로 4분간 원심분리하고 상층액 80㎕를 취한다.
h. 3M NaAc 3㎕와 95% ethanol(-20℃) 200㎕를 가하고 잘 혼탁시킨 후 -70℃에서 10분간, 혹은 -20℃에서 하룻밤 놓아둔다.
i. Microcentrifuge로 10분간 원심분리한다.
j. 상층액을 버리고 다시 70% ethanol 1mℓ을 가한 후 5분간 원심분리한다.
k. 상층액은 버리고 침전된 M13 단가닥 DNA는 진공에서 말린 후 TES buffer 50㎕에 녹인다.

용어정리

○ **플라크(plaque)** : 바이러스에 감염된 세포가 용해되거나 손상되어 주위의 정상적인 세포와 구별되게 나타난 것. 바이러스를 반응세포(indicator cell)와 섞어 배양하면 감염된 세포만 죽어서 동그란 plaque를 형성하기 때문에 이 숫자를 세면 바이러스의 감염 정도를 알 수 있다.

○ **캡시드단백질(capsid protein)** : 바이러스의 유전자(핵산)를 감싸고 있는 단백질 껍질. 핵산과 캡시드를 합쳐서 뉴클레오캡시드라 부르며 이것이 바이러스의 기본구조이다. 캡시드는 캡소미어(capsomere)라 부르는 단위체가 규칙적으로 이어져서 형성된 것으로 그 배열 양식에는 정이십면체 또는 원통형 등이 있다.

○ **탐침자(hybridization probe)** : 두 가닥의 DNA는 상보적인 염기간의 수소결합에 의해 붙어 있는 것이다. 이러한 성질을 이용하여 목적하는 DNA의 전체 또는 일부 염기서열을 형광물질 혹은 동위원소로 표지하고, 표지한 DNA를 변성시킨 genomic DNA(denatured genomic DNA)와 반응시키면 표지된 DNA는 상보적인 염기서열이 있는 곳을 찾아가 결합하게 된다. 이렇게 목적하고 있는 DNA를 찾을 때 이용하는 표지된 DNA를 탐침자라고 한다.

○ **흔들어주기(tapping)** : 정제한 genomic DNA 등을 물에 녹이거나 효소 반응액에 섞어줄 때 물리적인 충격으로 DNA가 조각나는 것을 최소화하기 위해서 vortex mixer로 섞어주지 않고 대신에 손가락으로 DNA가 들어있는 튜브의 바닥을 톡톡 치는 것을 말한다.

WORK SHEET

실험일 : 200 . . .

실험자 : ____________

〈실험결과〉

〈고찰〉

a. M13 파지 증식에 필요한 것은 무엇인가?

b. 바이러스 정제실험에 사용한 PEG는 어떤 기능을 하는가?

c. M13 파지의 titer를 계산하는 방법을 설명하시오.

d. M13 파지의 단가닥 DNA 분리법과 이중가닥 RF DNA 분리법의 차이점은 무엇인가?

제3장 임상 미생물 및 병리 실험

제15과

항균력 평가

목적

a. 항생제 최소 억제 농도(minimum inhibitory concentration, MIC) 측정법을 이해한다.

b. 액체 배지 희석법(broth dilution method)을 숙지한다.

c. 고체 배지 희석법(agar dilution method)을 숙지한다.

이론 및 배경

우리가 살고 있는 생활환경은 유해한 수많은 미생물에 노출되어 있다. 이들 미생물들은 그 종류가 대단히 많을 뿐만 아니라 다양한 자연환경에 존재하고 있다. 세균과 곰팡이 등의 미생물은 인간과 동물에게 치명적인 피해를 줄 수 있으며 사회적으로 큰 문제를 야기시킬 수도 있다. 인간은 이러한 유해 미생물로부터 피해를 사전에 막기 위해서 항균기능을 가진 많은 제품들을 개발하고 사용하고 있다. 항균이란 의미는 미생물을 사멸시키거나 성장을 억제한다는 의미고, 항균제란 이들 미생물을 사멸시키거나 성장을 억제하는 화학물질을 말한다. 임상 환자의 검체로부터 질병의 원인균을 검출하여 세균을 동정하고 동시에 병원균에 대한 항균제 감수성 검사를 통하여 감염증 치료에 필요한 항생제를 선택하여야 한다. 그리고 항균제를 개발하고 있는 많은 제약회사에서도 생산된 원료 항균제나 완제품에 대해서 항균력을 계속적으로 측정하고 관리해야 한다.

항균제의 감수성 측정 방법으로는 액체 배지 희석법(broth dilution method)과 고체 배지 희석법(agar dilution method)에 의한 항생제 최소 억제 농도(minimum inhibitory concentration, MIC) 측정법, 원판 확산법(disk diffusion method, or Kirby-Bauer disk diffusion method)과 원통 확산법(cup diffusion method)에 의한 항생제 감수성 시험(antibiotic susceptibility test) 등이 있다. 또한 토양미생물과 환경 미생물로부터 새로운 항균제 검색 방법을 이용한 감수성 측정 방법이 있다.

(1) 항생제 최소 억제 농도(minimum inhibitory concentration, MIC) 측정법

유해한 미생물을 사멸시키거나 성장을 억제할 수 있는 항생제의 최소 억제 농도를 MIC라 한다. MIC를 측정하는 방법에는 액체 배지 희석법(broth dilution method)과 고체 배지 희석법(agar dilution method) 등이 있다.

● 액체 배지 희석법(broth dilution method)

항생제를 미생물 배양용 액체 배지로 2배씩 희석한 다음, 측정하고자 하는 미생물 균액을 접종하여 배양시킨다. 항생제의 MIC는 미생물이 성장하지 않는 최소 농도로 결정된다.

실험재료

a. 멸균된 시험관
b. 멸균된 배양용 배지 : Mueller Hinton broth
c. 항생물질 조제 희석 :
- 사용하는 모든 항생제는 stock 용액을 만들고, -20℃에서 보관한다.
(Ampicillin : 25mg/mℓ, Erythromycin : 25mg/mℓ, Kanamycin 25mg/mℓ, Streptomycin 20mg/mℓ, Tetracycline 12.5mg/mℓ)
- 항생제 stock 용액은 0.45㎛ membrane filter로 여과하여 사용한다.
- 처음 항생제 농도는 100㎍/mℓ로 하고 액체배지로 2배씩 희석 계열을 만든다. 각 시험관의 최종농도는 100, 50, 25, 12.5, 6.25, 3.13, 1.56, 0.78, 0.39, 0.20, 0.10, 0.05㎍/mℓ이

된다. 예상되는 MIC 값이 훨씬 작을 때는 예상 MIC값이 중앙에 되도록 2배씩 희석계열을 만든다.

d. 사용 균주 :

Streptococcus faecium, Staphylococcus aureus, Escherichia coli, Pseudomonas aureginosa, Salmonella typhimurium, Klebsiella oxytoca, Klebsiella aeruginosa, Enterobactor colacae, Enterobactor colacae

e. 사용배지 :

- 검정 대상 세균의 종에 따라 사용 배지가 달라질 수 있으나 일반 세균의 배양에는 Mueller Hinton broth를 사용한다.
- 전배양 : 37℃에서 16~20시간 전배양한다.
- 균희석액 : 전배양액을 Mueller Hinton broth로 균의 농도가 10^3~10^6/㎖ 되게 한다.

실험방법

a. 멸균된 시험관을 시험대에 배열하고 차례로 번호를 붙인다(1번에서 13번까지).

b. 2번부터 13번 시험관에 무균조작으로 멸균된 Mueller Hinton broth 0.2㎖씩 넣는다.

c. 1번과 2번 시험관에만 200㎍/㎖ 농도의 항생제 0.2㎖를 넣는다.

d. 2번 시험관의 용액을 잘 섞은 후, 그 중 0.2㎖를 autopipette으로 취해 3번 시험관에 넣는다. 또 다시 3번 시험관의 용액을 잘 섞어 그 중 0.2㎖를 취해 4번 시험관에 넣는다. 같은 방법으로 연속 희석을 반복한다. 13번 시험관에서는 혼합된 용액 중 0.2㎖를 취해서 버린다.

e. 1번부터 13번 시험관에 균희석액을 0.2㎖씩 넣는다.

f. 37℃에서 16~20시간 배양한다.

g. 시험관의 배양액을 흔들어 성장 여부를 탁도로 확인한다.

h. 성장이 인정되지 않는 가장 낮은 농도의 시험관 농도를 MIC로 한다(그림 15-1).

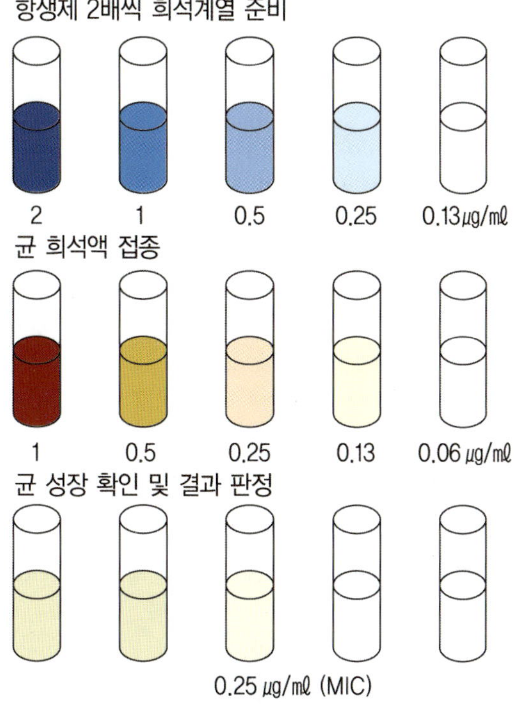

〈그림 15-1〉 고체 배지 희석법에 의한 MIC 측정

● 고체 배지 희석법(agar dilution method)

고체 배지 희석법에 의한 MIC 측정 방법은 표준균주 및 임상분리균주 등 여러 균주들을 동시에 측정할 수 있다. 또한 고체 배지 희석법을 이용한 MIC 측정 방법으로 항생제 내성 변이균주를 얻을 수 있고 여러 항생제 내성 변이균주에 대해서 MIC를 측정할 수 있다. 집락의 증식 상태를 눈으로 확인할 수 있기 때문에 다른 세균에 의한 오염을 배제할 수 있다.

실험재료

a. 멸균된 시험관

b. 멸균된 petri dishes

c. 멸균된 pipette (25㎖, 10㎖, 5㎖)

d. Autopipette

e. 멸균된 배양용 배지 : Mueller Hinton broth, Mueller Hinton agar(멸균후 50℃ 정도로 식힌 후 사용)

f. 멸균된 항생제 희석용액 : 멸균 증류수 또는 Mueller Hinton broth

g. 항생물질 조제 희석 : 액체 배지 희석법과 동일

h. 사용 균주 : 액체 배지 희석법과 동일

Streptococcus faecium, Staphylococcus aureus, Escherichia coli, Pseudomonas aureginosa, Salmonella typhimurium, Klebsiella oxytoca, Klebsiella aeruginosa, Enterobactor colacae, Enterobactor colacae

i. 사용배지 :

- 검정 대상 세균의 종에 따라 사용 배지가 달라질 수 있으나 일반 세균의 배양에는 Mueller Hinton broth를 사용한다.
- 전배양 : 37℃에서 16~20시간 전배양한다.
- 균희석액 : 전 배양액을 Mueller Hinton broth로 균의 농도가 10^7/mℓ 되게 희석한다.

실험방법

a. 시험대에 시험관을 배열하고 각 시험관에 멸균 증류수를 2mℓ씩 분주하고 차례로 번호를 붙인다.

b. 항생물질 용액 4mℓ을 1mg/mℓ이 되도록 하여 1번 시험관에 가하여 잘 혼합한 다음 2mℓ을 취하여 2번 시험관에 옮긴다. 이러한 조작을 13번 시험관까지 행하여 2배씩 단계적으로 희석한다.

c. Petri dish에 멸균 후 50℃ 정도로 식힌 18 mℓ Mueller Hinton agar와 항생제 용액을 섞어 10배 희석한 후 분주하여 최종 항생물질의 농도가 각각 100~0.002㎍/mℓ이 되도록 13개의 Petri dish plate를 제조한다.

d. 균 배양용 Mueller Hinton broth에서 18시간 동안 37℃로 배양한 시험균을 약 100배 정도 희석하여 접종균의 농도를 조절한다.

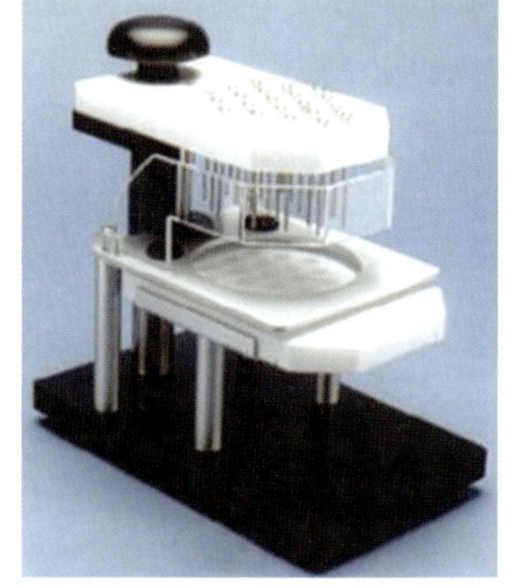

〈그림 15-2〉 Hand inoculator

e. 각각의 시험균을 inoculaing tray에 넣고 Hand inoculator(cathra system, MCT medical, USA)을 이용하여 항생물질이 들어있는 평판 위에 1 X 10^7/㎖ 접종한다(그림 15-2).

f. 37℃에서 18시간 배양한 후 petri dish를 희석 농도 별로 나열하고 육안으로 관찰하여 생육이 억제된 항균 물질의 농도를 최소 발육저지 농도(MIC)로 정한다. 집락이 5개 미만일 때에는 성장하지 않은 것으로 간주한다.

g. 자동접종기를 사용하는 경우에는 설명서에 의해 접종한다(그림 15-3). 손으로 직접 접종할 때에는 그림 15-4와 같이 구획한 종이판을 petri dish 밑바닥에 붙인 후 1번 균액부터 차례로 접종한다. 이때 전배양 균액을 1 X 10^6/㎖(혐기성균인 경우에는 1 X 10^8/㎖)로 희석한 균액 5㎕를 autopipette으로 접종한다.

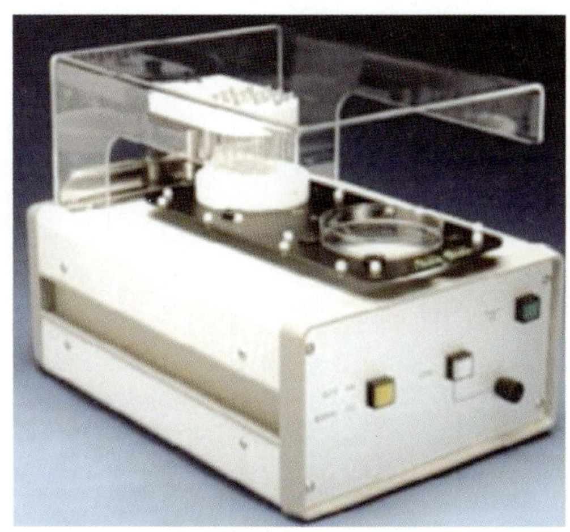

〈그림 15-3〉 Autoinoculator 사진

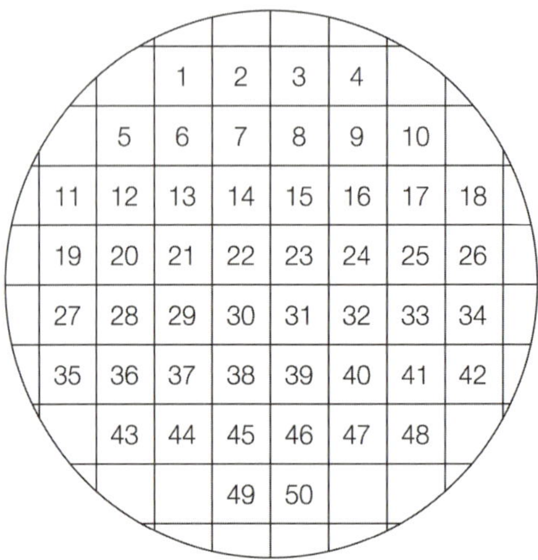

〈그림 15-4〉 평판 배지 접종용 구획지

용어정리

○ **항생제**(antibiotic) : 미생물에 의해서 생산되며 다른 미생물의 증식을 억제, 저해하는 화학물질의 총칭

○ **항균력**(antibiotic activity) : 미생물(세균, 균류, 원생동물)의 성장을 저해시킬 수 있는 항생물질의 용량

○ **항균스펙트럼**(antibacterial spectrum) : 어떤 화학물질이 항균작용을 나타내는 미생물의 범위

○ **항생제 내성**(antibiotic tolerance) : 세균이 항생제로부터 스스로를 방어하기 위해 만들어낸 자체 방어능력으로, 세균은 DNA 변이를 통하여 다음에 그 항생제를 또 만났을 때 견뎌낼 수 있는 기전을 발전시킨다.

WORK SHEET

실험일 : 200 . . .

실험자 : ____________

A. 액체배지 희석법에 의한 MIC 측정법

〈준비물〉

a. 멸균된 시험관 확인

b. 항생제 stock solution 확인 및 −20℃ 보관

c. 항생제 사용전 0.45㎛ membrane filter로 여과 확인

d. 액체배지로 2배씩 희석 계열을 만드는 연습

e. 균 농도를 10^3~10^6/㎖로 희석

〈실험결과〉

균주 부류	사용 균주	MIC (㎍/㎖)		
		표준 항생제 A	표준 항생제 B	Sample 항생제
Gram (+)	*Streptococcus pyogenes* A308 *Streptococcus pyogenes* A77 *Streptococcus faecium* MD8b *Staphylococcus aureus* SG511 *Staphylococcus aureus* 285			
Gram (−)	*Escherichia coli* O 55 *Escherichia coli* TEM *Escherichia coli* 1507E *Pseudomonas aureginosa* 9027 *Pseudomonas aureginosa* 1771 *Pseudomonas aureginosa* 1771M *Salmonella typhimurium* *Klebsiella oxytoca* 1082E *Klebsiella aeruginosa* 1522E *Enterobactor colacae* P99 *Enterobactor colacae* 1321E			

B. 고체 배지 희석법에 의한 MIC 측정법

〈준비물〉

a. 멸균된 시험관 및 petri dishes 확인

b. 항생제 stock solution 확인 및 -20℃ 보관 및 여과 확인

c. Mueller Hinton agar 사용시 멸균후 50℃ 정도로 식힌 후 사용

d. 멸균 증류수로 2배씩 희석 계열을 만드는 연습

e. 균 농도를 10^7/㎖로 희석하는 연습

〈실험결과〉

균주 부류	사용 균주	MIC (㎍/㎖)		
		표준 항생제 A	표준 항생제 B	Sample 항생제
Gram (+)	*Streptococcus pyogenes* A308 *Streptococcus pyogenes* A77 *Streptococcus faecium* MD8b *Staphylococcus aureus* SG511 *Staphylococcus aureus* 285			
Gram (-)	*Escherichia coli* O 55 *Escherichia coli* TEM *Escherichia coli* 1507E *Pseudomonas aureginosa* 9027 *Pseudomonas aureginosa* 1771 *Pseudomonas aureginosa* 1771M *Salmonella typhimurium* *Klebsiella oxytoca* 1082E *Klebsiella aeruginosa* 1522E *Enterobactor colacae* P99 *Enterobactor colacae* 1321E			

〈고찰〉

a. 항생제의 의미에 대해서 설명해 보세요.

b. 항생제 최소 억제 농도(Minimum Inhibitory Concentration, MIC)에 대해서 설명하세요.

c. 액체배지 희석법과 고체배지 희석법의 차이점에 대해서 설명하세요.

제16과

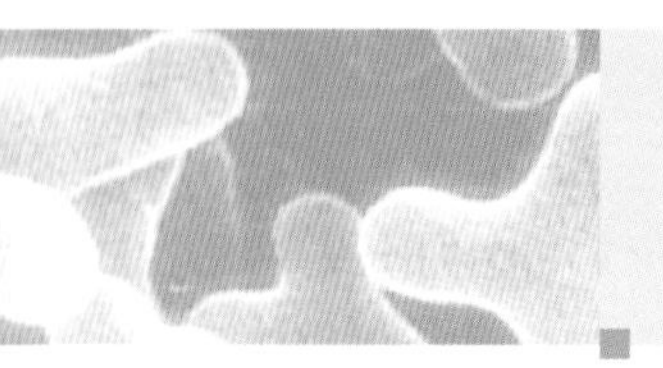

항생제 감수성 시험 (Antibiotic Susceptibility Test)

목적

a. 항생제 감수성 시험법인 확산법의 원리를 이해한다.

b. 원판 확산법과 원통 확산법을 숙지한다.

c. MIC 측정법과 확산법을 비교해 본다.

이론 및 배경

항생제 감수성 시험은 항생제의 역가, 순도, 함량을 측정하는 방법이다. 항생제 감수성 시험은 미생물을 이용한 생물학적 검정법(bioassay)인 확산법(antibiotic diffusion assay)이 있다. 확산법이란 항생제가 한천으로 확산되어 생성되는 미생물 증식 억지대(growth inhibition zone)의 지름을 측정함으로써 항생제의 역가를 계산하는 방법이다. 확산법은 MIC를 측정할 수 없고, 성장이 느린 세균이나 혐기성 세균 등에 대해서는 항생제 감수성을 측정할 수 없다는 단점이 있다. 그러나 확산법은 비용이 비교적 적게 들고, 시험이 단순하여 많은 연구실에서 이용되고 있다. 확산법에는 원판 확산법(disk diffusion method)과 원통 확산법(cup diffusion method)이 있다.

(1) 원판 확산법 (disk diffusion method, or Kirby-Bauer disk diffusion method)

한천배지 표면에 시험균주의 균액을 고르게 도말하고, 그 위에 일정량의 항생제가 함유된 종이 디스크를 놓는다. 디스크의 항생제가 한천으로 확산된다. 디스크 주변의 한천에는 항생제가 고농도로 존재하고 디스크에서 먼 곳의 한천에는 항생제가 저농도로 존재하기 때문에 미생물 증식 억제대(growth inhibition zone)가 형성된다(그림 16-1). 미생물 증식 억제대의 크기로 특정 균주가 디스크에 포함된 항생제에 대해서 감수성인지 내성인지를 결정하는 시험법이다.

실험재료

a. 멸균된 면봉

b. 비커에 담은 알코올과 핀셋

c. 항생제 감수성 검사용 원판 :

WHO의 Committee on Biological Standardization에서 정한 원판 당 각 항생제의 양이 표시된 원판을 사용한다. 원판의 직경은 6.35mm이다.

ex) Penicillin 10㎍, Streptomycin 10㎍, Cefotaxime 30㎍, Chloramphenicol 30㎍, Vancomycin 30㎍, Gentamicin 10㎍, Tetracycline 30㎍

d. 사용균주 및 전배양용 배지 :

Klebsiella pneumoniae, Staphylococcus aureus, Pseudomonas aeruginosa, Escherichia coli 등의 미생물을 Mueller Hinton broth 또는 Trypticase soy broth(TSB)에 18시간 배양한다.

e. 평판 배지 :

시험균주에 따라 사용배지가 달라질 수 있으나, 일반 균주의 평판 배지는 Mueller Hinton agar를 사용한다. 한천의 두께가 매우 중요하므로 4mm 정도인 것을 사용한다.

실험방법

a. 순수 배양된 평판 배지에서 잘 분리된 집락 4~5개를 선별하여 백금이로 Mueller Hinton broth 또는 Trypticase soy broth(TSB) 배지에 접종한다.

b. 18시간 동안 37℃ 배양기에서 배양한 시험균액을 약 100배 정도 희석하여 균의 농도

가 1 X 10^8/㎖ 되도록 조절한다.

c. 멸균된 면봉을 균 배양액에 적셔서 시험관 내벽에 돌리며 눌러 짜서 과다한 균액을 제거한다.

d. 표면이 마른 평판 한천배지 위에 희석한 균액이 적셔진 면봉을 골고루 문질러 도말한다. 또는 희석한 균액 100~150㎕를 한천배지 위에 떨어뜨리고 멸균 삼각 spreader로 골고루 도말한다.

e. 평판 뚜껑을 닫고 3~5분 동안 방치하여 표면의 습기가 흡수되도록 한다.

f. 균 접종 후, 적어도 15분 이내에 검사용 원판을 놓아야 한다.

g. 핀셋을 알코올에 담갔다가 불에 태워 소독한 후 항균제 감수성 검사용 원판을 집어 배지 위에 얹고 완전히 밀착시킨다(뒤집어도 떨어지지 않아야 한다). 이때 원판과 원판 또는 가장자리와의 거리는 최소한 15mm 이상이어야 한다. 90mm petri dish에는 6개, 100mm에는 8개, 150mm에는 중앙에 3개, 가장자리에 9개의 디스크를 놓는다.

h. 원판을 놓은 평판은 약 30분 동안 정치시킨 후, 37℃ 배양기에 평판 뚜껑이 밑으로 가도록 놓아 배양한다.

i. 보통 16~18 시간 배양 후, 원판주위의 세균 증식억제대의 직경을 자를 이용하여 측정하고 기록한다(그림 16-1, 그림 16-2).

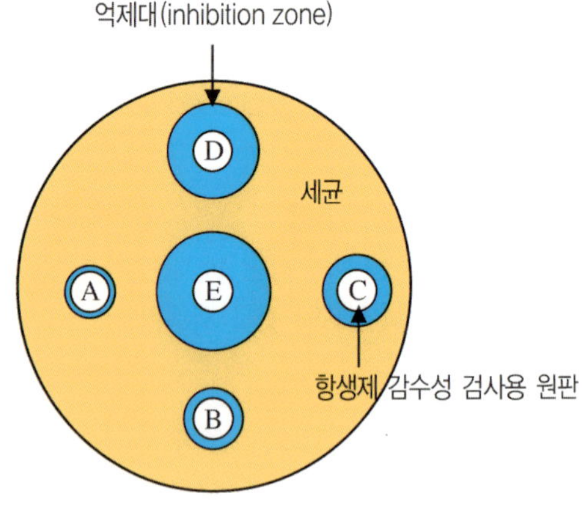

〈그림 16-1〉 미생물 증식 억제대(growth inhibition zone)

세균은 항생제 C, D, E에 감수성이고 항생제 A, B에 내성이다.

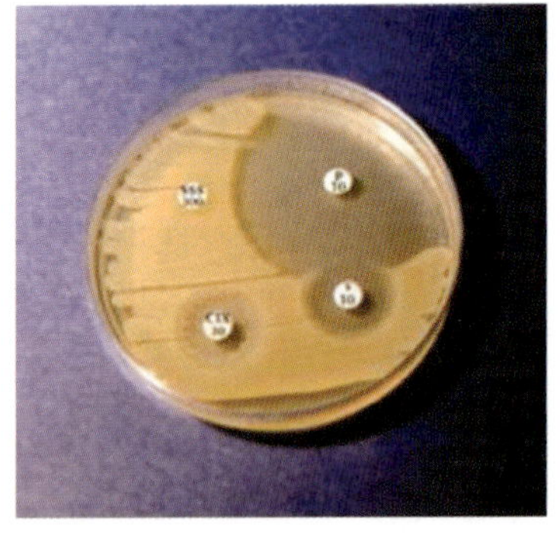

〈그림 16-2〉 원판 확산법 실험 결과

(2) 원통 확산법 (cup diffusion method)

원통 확산법(cup diffusion method)은 역가를 측정하고자 하는 항생제 용액을 다공성 컵이나 원통에 넣고 항생제가 한천으로 확산되므로 미생물 증식 억제대(growth inhibition zone)가 형성되는 원리를 이용한 실험이다. 억제대의 지름을 측정해서 미생물에 대한 항생제의 감수성을 결정하는 시험법이다.

실험재료

a. 멸균된 원통(cylinder) : Stainless steel제의 원통으로 내경 6mm, 외경 8mm, 높이 10mm 규격품을 일반적으로 사용한다.

b. 비커에 담은 알코올과 핀셋

c. 여러 종류의 항생제 :

Ampicillin, Cefotaxime, Chloramphenicol, Erythromycin, Gentamicin, Kanamycin, Penicillin, Streptomycin, Tetracycline, Tobramycin, Vancomycin

d. 완충액 : 항생제 원액 제조용 및 원액 희석용으로 0.1M phosphate buffer (pH 8.0)를 사용한다.

e. 사용균주 및 전배양용 배지 :

Klebsiella pneumoniae, Staphylococcus aureus, Pseudomonas aeruginosa, Escherichia coli 등의 미생물을 Mueller Hinton broth 또는 Trypticase soy broth(TSB)에 16~24시간 배양한다.

f. 평판 배지 :

시험균주에 따라 사용배지가 달라질 수 있으나, 일반 균주의 평판 배지는 Mueller Hinton agar를 사용한다.

실험방법

a. 각각의 항생제를 25mg씩 정량하고, methanol 25mℓ를 가하여 녹인 후, 0.1M phosphate buffer(pH 8.0) 100mℓ를 가하여 최종 농도가 100㎍/mℓ이 되도록 잘 섞어

원액으로 사용한다.

b. 0.1M phosphate buffer(pH 8.0)를 사용하여 각각의 항생제 용액을 20㎍/㎖의 고농도와 5㎍/㎖의 저농도로 만들어 준비한다.

c. 같은 방법으로 시험 항생제 희석 용액을 만든다.

d. 다음과 같은 방법으로 균액을 준비한다.

- 평판 배지에서 순수 배양된 집락 4~5개를 선별하여 백금이로 전배양용 배지에 접종한다.
- 37℃ 배양기에서 16~24시간 배양한 균액을 사용한다.

e. 원통 한천 평판배지를 준비한다.

- 기층 : 내경 90mm의 Petri dish에 멸균한 Mueller Hinton agar 배지 20㎖씩 부어 굳힌다.
- 종층 : 멸균한 Mueller Hinton agar 배지를 50℃ 정도로 냉각시킨 후, 종층용 agar 배지 100㎖에 시험 균액을 0.5~2㎖를 넣고 잘 섞은 다음, 이 중 10㎖를 기층의 중앙에 붓고 골고루 잘 편다.
- 평판 배지 위 반경 약 25mm의 원주상에 90도 간격으로 4개의 원통을 놓는다. 멸균된 원통을 핀셋으로 잡고 10~13mm의 높이에서 수직으로 떨어뜨린다.

f. 1㎖ autopipette(또는 멸균된 0.5㎖, 1㎖ pipette)를 사용하여 각 원통에 항생제 용액이 넘치지 않도록 주입한다.

g. 37℃ 배양기에 넣고 16~20시간 배양한다.

h. 원통 주위의 미생물 증식 억제대의 직경을 자를 이용하여 측정한다.

용어정리

○ **역가(titer)** : 약제, 독소, 항체 등 용액의 효력을 나타내는 값. 일반적으로 효력을 나타낼 수 있는 최고 희석배수로 표시한다.

○ **순수배양(pure culture)** : 세균을 한천배지 등의 배지에서 단일종만이 존재하는 상태로 배양하는 것을 의미하며, 어떤 미생물(세균, 원생동물, 곰팡이)을 병원체로 확정하기 위해서는 다른 종류가 혼입되지 않는 상태에서 실험할 필요가 있다. 일반적으로 미생물의 생리학적 연구에도 연구대상을 순수하게 분리할 필요가 있고, 특히 항생물질을 연구할 때는 절대적으로 필요하다.

○ **완충액(buffer solution)** : 외부로부터 어느 정도의 산 또는 염기를 가해도 그것들의 영향을 받지 않고, 수소이온농도를 일정하게 유지하려고 하는 용액.

WORK SHEET

실험일 : 200 . . .

실험자 : ______________

A. 원판 확산법(disk diffusion method)에 의한 미생물 감수성 검사

〈준비물〉

a. 멸균된 면봉

b. 비커에 담은 알코올과 핀셋

c. 항생제 감수성 검사용 원판 :

Penicillin 10㎍, Streptomycin 10㎍, Cefotaxime 30㎍, Chloramphenicol 30㎍, Vancomycin 30㎍, Gentamicin 10㎍, Tetracycline 30㎍

d. Mueller Hinton broth(또는 Trypticase soy broth), Mueller Hinton agar 제조

e. 사용균주 :

Staphylococcus aureus, Escherichia coli, Klebsiella pneumoniae, Pseudomonas aeruginosa

〈실험결과〉

항생제	항생제 원판농도 (㎍)	미생물 증식 억제대 지름 (mm)			
		Staphylococcus aureus	*Escherichia coli*	*Pseudomonas aeruginosa*	*Klebsiella pneumoniae*
Penicillin	10				
Streptomycin	10				
Cefotaxime	30				
Chloramphenicol	30				
Vancomycin	30				
Gentamicin	10				
Tetracycline	30				

B. 원통 확산법(cup diffusion method)에 의한 미생물 감수성 검사

〈준비물〉

a. 멸균된 원통(cylinder)

b. 비커에 담은 알코올과 핀셋

c. 여러 종류의 항생제 :

Ampicillin, Cefotaxime, Chloramphenicol, Erythromycin, Gentamicin, Kanamycin, Penicillin, Streptomycin, Tetracycline, Tobramycin, Vancomycin

d. Mueller Hinton broth(또는 Trypticase soy broth), Mueller Hinton agar 제조

e. 사용균주 :

Staphylococcus aureus, Escherichia coli, Klebsiella pneumoniae, Pseudomonas aeruginosa

d. 완충액 : 항생제 원액 제조용 및 원액 희석용(0.1M phosphate buffer (pH 8.0))

〈실험결과〉

항생제	항생제 원판농도 (㎍)	미생물 증식 억제대 지름 (mm)			
		Staphylococcus aureus	*Escherichia coli*	*Pseudomonas aeruginosa*	*Klebsiella pneumoniae*
Penicillin	20				
	5				
Streptomycin	20				
	5				
Chloramphenicol	20				
	5				
Vancomycin	20				
	5				
Tetracycline	20				
	5				

〈고찰〉

a. 미생물 증식 억제대(growth inhibition zone)의 의미에 대해서 설명해 보세요.

b. 미생물 증식 억제대 크기에 영향을 미치는 요인들에 대해 설명하세요.

c. 원판희석법과 원통희석법의 차이점에 대해서 설명하세요.

제17과

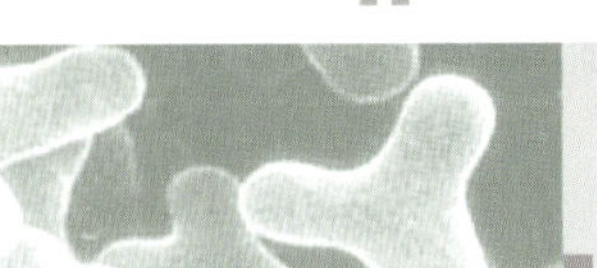

토양 미생물에서 항생물질 검색

목적

a. 토양시료로부터 미생물 분리와 순수배양 방법을 숙지한다.

b. 토양시료로부터 방선균을 분리하는 과정을 이해한다.

c. 항생물질 생성 미생물 균주 검색법을 이해한다.

d. 항생물질 생성 미생물 균주로 항생물질 활성 측정 방법을 숙지한다.

이론 및 배경

미생물들은 2차 대사산물로 항생물질 등을 생산하여 다른 미생물의 성장을 억제시키거나 사멸시키는 특성을 갖고 있다. 이들 미생물간의 길항현상(microbial antagonism)을 이용하여 기존 항생물질보다 약효가 우수하거나 부작용이 없는 새로운 우수한 항생물질을 개발하기 위한 연구가 계속 진행되고 있다. 푸른곰팡이의 일종인 *Penicillium notatum*에서 penicillin을 발견하고, 방선균에서 actinomycin, streptomycin, chloramphenicol, tetracycline, erythromycin 같은 항생물질 등이 발견되었다. 현재까지 미생물에서 발견된 항생물질 수는 7천개 이상이나 된다. 특히 이러한 항생물질 중 새로운 화학적 골격을 갖고 있는 경우는 유기합성법을 통하여 새로운 반합성 항생물질을 창출하는 근간이 되기 때문에 큰 의미가 있다. 항생물질 연구는 미생물로부터 새로운 항생물질 개발뿐만 아니라 암이나 바이러스 질환 등에 유효한 물질 개발 연구로 활발히 진행되고 있다.

(1) 방선균의 분리

항생물질을 가장 많이 생성하는 토양미생물은 방선균류이다. 방선균류는 *Streptomyces* 속, *Micromonospora* 속, *Actinomycetes* 속 등의 원핵생물들이다. 보통 토양 속에는 곰팡이류, 방선균류, 세균 등이 존재하는데 방선균은 비옥한 토양에 10^6cells/g soil 정도의 밀도로 존재한다. 토양시료로부터 방선균을 분리하는 과정은 그림 17-1과 같다. 토양시료 1g 정도의 시료를 전처리 과정을 통하여 적당히 희석하고, 한천 고체 배지 위에 도말하여 배양기내에서 배양한다. 일정기간 후에 나타난 콜로니로부터 비슷한 균주를 선별하고 순수분리하여 균주를 보존하거나 액체배양한 후 각종 스크리닝을 통하여 항생물질 생산 방선균을 분리한다.

실험재료

a. 멸균수

b. 50㎖ 삼각플라스크 또는 conical tube(50㎖, 15㎖)

c. 진탕기

d. Autopipette

e. 비커에 담은 알코올과 삼각유리봉

f. 토양 재료 :

- 가능한 한 토양 환경이 서로 다른 여러 장소(밭, 초지, 논, 산림, 사막, 해안, 호수침적토, 습지, 강가, 화산 지역 등)에서 시료를 채취하여 상이한 종류의 방선균을 채취하는 것이 좋다.
- 일반적으로 지하 10~50cm 등 여러 깊이 별로 나누어 시료를 채취하는 것이 효과적이며 멸균한 병에 넣고 채취장소, 채취일자를 기록하여 보관한다.

g. 선택적 분리용 배지 :

- 방선균을 선택적으로 분리하기 위한 배지로서 chitin agar, starch-casein-KNO_3 agar, paraffin agar, glycerol-arginine agar, actinomyces isolation agar 등을 사용한다.
- 또는 방선균을 선택적으로 분리하는데 가장 많이 사용하는 배지로써 humin acid-vitamin agar 배지를 사용한다.

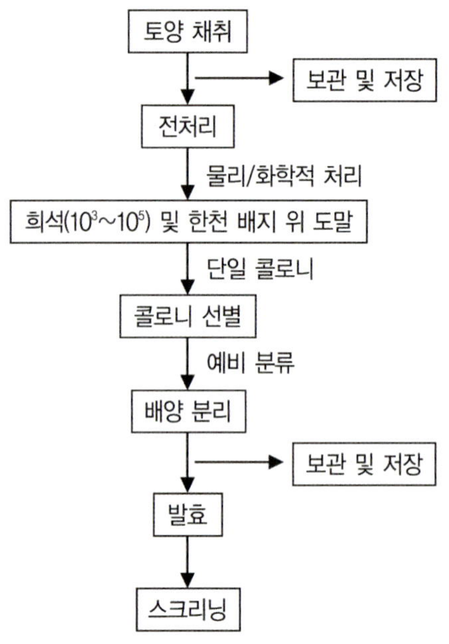

〈그림 17-1〉 토양 시료로부터 방선균을 분리하는 과정

실험방법

a. 토양 시료 1g을 50㎖ 삼각 플라스크(또는 50㎖ conical tube)에 넣고 5~10㎖의 멸균수를 넣은 후, 하룻밤 동안 진탕한다.

b. 1㎖의 균 부유액(상등액)을 9㎖의 새로운 멸균수가 들어있는 15㎖ conical tube에 넣고 잘 혼합한 후, 1:100으로 희석액을 만든다.

c. b와 같은 방법으로 10배씩 희석하여 1:1,000, 1:10,0000 희석액을 만든다.

d. 방선균 선택적 분리용 고체 배지 위에 1:1000 또는 1:10,0000으로 희석한 희석액을 200㎕ autopipette을 이용하여 20~100㎕을 넣고 삼각유리봉으로 도포한다.

e. 25~27℃ 배양기에서 2~5일간 배양한다.

f. 생성된 콜로니는 모양, 크기, 색깔 등을 관찰하여 서로 다르게 보이는 것을 선별한다.

g. 선택적 분리용 고체 배지 위에서 선별한 방선균을 이쑤시개 등을 이용하여 새로운 고체 배지위에 도말하여 e와 같은 방법으로 배양하여 방선균을 순수 분리한다.

(2) 항생물질 생성 미생물 균주의 검색

항생물질을 생성하는 미생물 균주의 검색은 토양 시료를 물에 현탁시키고, 침전시킨 후, 상등액을 적당히 희석하고, 한천 배지에 도포하여 집락이 생기도록 배양한다. 생성된 집락으로부터 순수 분리된 미생물을 액체배지에서 배양하고, 배양액에서 항생물질 활성을 측정한다(그림 17-2).

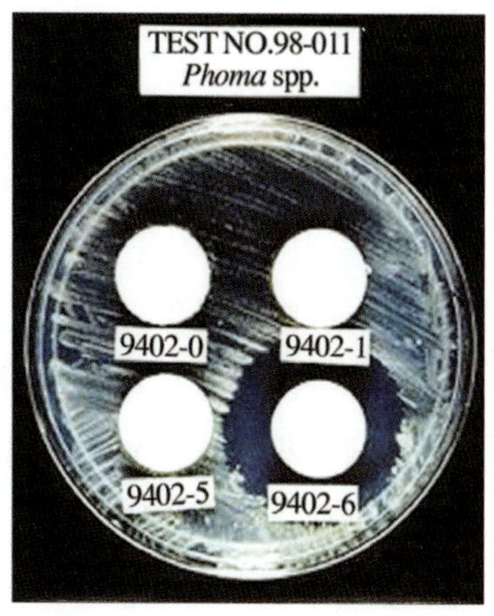

〈그림 17-2〉 방선균 배양액의 항생물질 활성 측정

실험재료

a. 비이커에 담은 알코올과 삼각유리봉

b. 멸균된 원판

c. 시험균 (항생물질 검정 대상 균종) 및 전배양 :

Klebsiella pneumoniae, Staphylococcus aureus, Escherichia coli, Pseudomonas aeruginosa, Aspergillus niger, Penicillium chrysogenum 등의 미생물을 각 해당 액체 배지에서 배양한다.

d. 평판 배지 :

시험균주에 따라 사용 평판배지를 달리하여 사용한다. 일반 균주의 경우 Mueller Hinton agar를 사용한다.

실험방법

a. 순수 분리된 방선균을 백금이를 이용하여 방선균 배양용 액체 배지에 접종한다.

b. 25~27℃ 배양기에서 3~5일간 교반 배양한다.

c. 배양 후, 4℃ 원심분리기(10,000 X g)를 이용하여 20분간 원심분리한다. 배양 상등액을 분리하고, 균사체는 5mℓ methanol이나 acetone으로 추출하여 항생물질 용액으로 사용한다.

d. 멸균된 원판(6~8mm 두께)을 항생물질 용액이 포함된 배양 상등액이나 균사체 추출액에 넣어 적신 후, 무균적으로 원판을 건조시킨다.

e. 검정용 평판 배지를 사용 균주에 따라 만들고, 각각의 균종을 멸균된 면봉이나 spreader로 균액을 도말한다.

f. 표면이 마른 평판 배지 위에 항생물질을 적신 원판을 놓고 배양한다.

g. 일반세균의 경우 37℃ 배양기에서 16~20 시간, 효모나 곰팡이의 경우 25~27℃ 배양기에서 3~5일간 배양한다.

h. 시험 균주 증식억제대의 직경 크기에 따라 항생물질 생성 균주 여부를 결정한다.

용어정리

○ **토양미생물**(soil microbes) : 토양 속에는 세균, 방선균, 사상균, 효모, 조류, 원생동물 등 많은 미생물이 서식하고 있다. 이 미생물들은 여러 가지 활동을 하여 토양에 큰 변화를 가져와 식물의 생육에 중요한 영향을 준다. 또 자연계의 물질순환에 큰 역할을 하고 있다.

○ **방선균**(*Actinomycetes*) : 균사를 만드는 세포로 형태분화를 진행한다. 그람양성균에 속한다. 방선균의 대표적인 속인 *Streptomyces*는 특히 항생물질 생산균으로 알려졌으며, 공업적으로도 중요한 위치를 점하고 있다. 1944년 Streptomyces griseus에서 Streptomycin을 발견한 것을 계기로 항생물질 연구가 활발해졌다.

○ **미생물 대사산물**(microbial metabolism) : 생명을 유지하기 위해서, 생체단위 또는 세포내에서 일어나는 물질의 합성, 분해 등의 화학반응을 말함. 탄수화물, 지질, 아미노산의 3가지 대사계가 생체내의 기본으로서, 이들이 서로 관련하여 에너지를 생산하기도 하고 필수성분을 합성하기도 한다.

○ **길항작용**(antagonism) : 여러 가지 약을 함께 사용할 때 하나의 약이 다른 약의 작용을 방해하거나 상쇄시키는 것. 즉 다른 약의 몸 속에서의 분포, 화학적 변화 또는 몸 밖으로의 배설 등에 영향을 주거나 두 약이 세포의 특정 부위에 같이 작용하기 때문에 생긴다.

○ **반합성 항생제**(semisynthetic antibiotics) : 반합성은 미생물이 생성한 항생물질을 화학적으로 변형시켜 작용이 강화되거나, 독성이 감소된 새로운 물질을 얻는 방법으로 penicillin류와 cephalosporin류 등에서 많은 항생물질의 유도체가 개발되었다.

○ **선택배지**(selective media) : 미생물이나 배양세포의 집단속에서 특수한 성질을 나타내는 세포를 선택적으로 증식시키기 위하여 이용하는 배지이다.

WORK SHEET

실험일 : 200   .   .   .

실험자 : ______________

A. 방선균의 분리

〈준비물〉

a. 멸균수

b. 50mℓ 삼각플라스크 또는 conical tube(50mℓ, 15mℓ)

c. 토양 재료 : 토양 환경이 서로 다른 여러 장소에서 시료를 채취
(밭, 초지, 논, 산림, 사막, 해안, 호수 침적토, 습지, 강가, 화산 지역 등)

d. 선택적 분리용 배지 :
chitin agar, starch-casein-KNO_3 agar, paraffin agar, glycerol-arginine agar, actinomyces isolation agar, humin acid-vitamin agar 배지 등을 사용한다.

〈실험결과〉

sample 번호	채취장소	채취일자	콜로니 모양	콜로니 크기	콜로니 색깔	콜로니 수	기타
1							
2							
3							
4							
5							
6							
7							
8							
9							
10							

B. 항생물질 생성 미생물 균주의 검색

〈준비물〉

a. 비커에 담은 알코올과 삼각 spreader

b. 멸균된 원판

c. 시험균(항생물질 검정 대상 균종)

Klebsiella pneumoniae, Staphylococcus aureus, Escherichia coli, Pseudomonas aeruginosa, Aspergillus niger, Penicillium chrysogenum

〈실험결과〉

Sample	항생물질 생성여부	미생물 증식 억제대 지름(mm)					
		Klebsiella pneumoniae	*Staphylococcus aureus*	*Escherichia coli*	*Pseudomonas aeruginosa*	*Aspergillus niger*	*Penicillium chrysogenum*
1							
2							
3							
4							
5							
6							
7							
8							
9							
10							

〈고찰〉

a. 항생물질 생산 미생물 검색의 의의에 대해 설명하세요.

b. 토양시료로부터 방선균을 분리하는 과정에 대해 설명하세요.

c. 미생물간의 길항현상이란?

d. 미생물이 항생물질을 생성하는 이유는 무엇입니까?

제18과

기초 면역학적 실험

목적

a. 세균성 항원 제조 방법에 관한 기술을 익힌다.

b. 항원에 대한 항혈청의 제조방법을 습득한다.

c. 항원-항체 반응의 원리를 이해한다.

이론 및 배경

면역(immunity)이란? 우리 몸은 외부의 환경으로부터 노출되어 있다. 병원미생물 및 독소, 음식물, 화학물질, 약, 꽃가루 등이 우리 몸으로 침범했을 때, 우리 몸은 이들 이물질들을 제거한다. 또한 암세포와 같이 생체내 비정상적인 세포들을 인식하여 제거하는 기능을 가지고 있다. 이와 같이 외부 물질을 항원으로 인식하여 제거하는 우리 몸의 능력을 면역(immunity)이라 한다. 면역의 기능은 자기와 비자기를 구분하고 비자기(유해 세균, 기형 세포)를 제거함으로써 몸의 기능을 정상적으로 유지하는 것이다.

면역은 태어날 때부터 가지는 선천성면역(innate immunity)과 후천적으로 생활환경에 적응하면서 얻는 획득면역(acquired immunity)으로 구분된다. 선천성면역은 인체의 1차 방어반응을 담당하며, 항원의 침입을 차단하는 피부, 점액조직, 위산, 백혈구 등이 여기에 속한다. 선천성면역은 항원에 대해 비특이적으로 반응하며, 특별한 기억작용이 없다. 후천성면역은 B-림프구와 T-림프구의 기능을 의미한다. B-림프구는 항체를 생산해 체액으로 공급하고 항원을 제거한다. 또한 특별한 항원에 대해서 기억작용을 한다. T-림프구는 T-림프구 자체가 항원을 직접 공격하여 제거하고 B-림프구를 활성화시킨다.

면역반응의 특이성은 항원-항체 간의 선택적 반응성을 나타내며 특정 항체는 아주 특정한 항원만을 구별할 수 있는 특징을 가지고 있다. 이런 면역반응 특이성 때문에 미생물 동정, 감염 미생물 진단 및 확인 등의 실험에 많이 응용되고 있다. 항원-항체 반응은 침강반응과 응집반응으로 구분되고 이 반응은 항원 결정기가 두개인 항체에 의한 항원의 교차 결합의 결과 면역복합체가 형성되는 반응이고, 항원이 가용성 분자일 경우 침강반응이라 한다. 또한 적혈구 같은 소립자인 경우 응집반응이라 한다.

본 실험법에서는 항원-항체의 침강반응, 응집반응, 면역세포의 분리 및 확인법 등의 실험법을 소개하고자 한다.

(1) 세균성 항원의 면역 및 항혈청 생산

항체를 얻기 위하여 항원을 실험동물에 주사하여 혈액으로부터 항체를 얻는다. 항원을 주사하는 것을 면역화(immunization)라고 한다. 특정한 항원에 대한 항체를 얻기 위하여 특정한 항원을 적절한 형태, 투여량, 경로를 통하여 숙주 동물에 주사한다. 일반적으로 사용되는 면역화 방법은 주사하는 방법이나, 호흡기, 피부 그리고 소화기를 통하여 면역화 할 수도 있다. 항원을 주사하는 방법은 일반적으로 복강주사, 피하주사를 많이 이용한다. 항원을 주사할 때에는 항원만 주사하는 경우도 있으나, 일반적으로 adjuvant라고 부르는 물질과 섞어서 주사하면 항체생산이 잘 유도된다.

실험재료

a. 항원 대상균의 분리 균주

b. 60℃ 항온수조(Water bath)

c. Nutrient agar plate(또는 Roux bottle)

d. Thioglycollate broth

e. 방부제(0.5% phenol, 0.2% formalin 또는 0.2% tricresol)

f. MacFarland 혼탁제

g. HEL(hen egg lysozyme)

h. 일회용 1mℓ, 5mℓ 주사기

i. CFA(Complete Freund's Adjuvant)

j. BALB/c 생쥐

k. Ether

l. 멸균된 1mℓ, 10mℓ conical tube

실험방법

A. 항원제조

a. Nutrient agar plate에 세균을 도말하고 배양한다.

b. 약간의 희석액을 가하여 발육균을 회수한다(이때 잡물이 섞이지 않도록 주의한다).

c. MacFarland 혼탁계로 균수를 혼합한다. 필요에 따라 균수 조정을 한다.

d. 60℃에서 1시간 가온한다.

e. Thioglycollate broth에 멸균 항원을 접종하여 무균시험을 한다.

f. 만약 Thioglycollate broth에 발육현상이 일어나면 멸균을 반복한다.

g. 분주 포장하기 전에 방부제를 첨가한다.

h. 항원 역가를 확인하여 다음과 같이 품질 표시를 한다.

(a) 항원명, (b) 제조자, (c) 역가(1mℓ내 균주 org./mℓ) 표시, (d) 사용한 방부제, (e) 제조번호 (Lot. No), (f) 제조 년월일 및 유효기간, (g) 보관법

B. 항원주사

a. Hen egg lysozyme(HEL) 100㎍을 adjuvant와 섞어 생쥐의 복강에 주사한다. 10mg/mℓ HEL 10㎕에 PBS 190㎕, 그리고 CFA 200㎕를 섞어 400㎕되게 만든 후, vortex하여 잘 섞어준다.

b. 1주 후, 생쥐의 심장에서 혈액을 채취하여 혈청을 준비한다.

C. 항혈청 생산

a. 생쥐를 ether로 희생시킨 후, 심장에서 blood를 주사기로 수집하고 실온에서 30~60분 동안 방치한다.

b. 냉장고에서 2시간(또는 하룻밤) 방치한다.

c. 10,000rpm에서 10분간 원심분리 한다.

d. 상등액을 모아서 냉장고에 보관한다.

참조 오래 보관하고자 할 경우 0.02% sodium azide(방부제)를 넣고 냉장고에 보관한다. 또는 -20℃에서 얼려 보관할 수도 있다.

e. 항원을 주사하지 않은 normal serum은 대조군으로 준비한다.

용어정리

- **항원(antigen)** : 생체에서 비자기(자기 자신, 또는 자신이 만든 물질이 아님)로 인식되어 항체 생산을 유도하는 물질의 총칭. 단백질, 다당체, 지질 등 분자량 1000Da(Dalton) 이상되는 물질은 항원이 될 수 있다.
- **항혈청(antiserum)** : 어떤 항원을 동물에 면역(주사)하여 얻은 것으로, 그 항원과 결합하는 특이 항체를 함유한 혈청
- **항원-항체반응(antigen-antibody reaction)** : 생체 내에서나 시험관 내에서 항원과 이것에 대응하는 특정 항체와의 사이에 일어나는 특이적인 면역반응.
- **면역(immunity)** : 옛날에는 한번 걸린 병에 두 번 걸리지 않는 현상만을 말했지만 현재는 생체 내에서 이물질(항원)을 알아내서 작용하는 하나의 생체방어기구와 자타의 인식 기구를 말한다.
- **항원 결정기(antigenic determination)** : 항원과 항체가 결합할 때 자세히 보면 항체는 항원의 특정 구조에 결합한다. 이 구조를 항원 결정기 또는 에피토프(epitope)라고 한다. 항체는 항원분자 전체를 인식하고 있는 것이 아니라 항원표면에 존재하는 항원 결정기를 인식하고 있다.
- **면역 복합체(immune complex)** : 생체내의 이물질(항원)에 항체가 결합한 것을 말한다. 면역복합체의 형성은 생체 방어를 위한 이물질 배제 시스템이지만 한편으로는 면역복합체병이라고 부르는 많은 자기면역질환의 원인도 된다.
- **적혈구(erythrocyte)** : 혈액 성분인 혈구를 의미하며 모든 척추동물 및 무척추동물의 일부에서 볼 수 있으나, 무척추동물에서는 백혈구와의 구별이 뚜렷하지 않은 것도 있다. 포유류의 적혈구는 중앙부가 우묵한 얇은 원반상을 하고 있으며, 조혈조직 중에서는 핵을 가지나, 순환혈액 중에서는 낙타와 라마이외는 핵이 퇴화되고 없다.
- **아쥬번트(adjuvant)** : 면역계를 자극해서 항원에 대한 면역반응을 높이는 물질의 총칭. 항체생산을 일으키는 작용이 약한 물질이라도 체내에서 항체를 만들게 할 수 있도록 되기 때문에 백신의 보조제로서 첨가하기도 한다.
- **방부제(antiseptic)** : 동식물성 유기물이 미생물의 작용에 의해 부패하는 것을 막는 것이 방부이고, 보존을 목적으로 방부하기 위해서 첨가하는 약제가 방부제이다. 세균의 발육을 저지하는 정균제도 방부제의 일종이다. 미생물을 사멸시키지 않는 점에서 소독제, 살균제와는 다르지만 실제로는 구별이 곤란한 경우도 있다. 일반적으로 방부제라고 하면 식품, 화장품, 의약품의 변질을 막고 그것을 사용하거나 보존하는 동안에 그 순도를 유지시키기 위해서 첨가하는 것이다. 따라서 인체에 해가 없어야 한다는 것이 필수조건이고, 또 그 첨가로 인해 품질을 손상시키지 않아야 한다.

WORK SHEET

실험일 : 200 . . .

실험자 : ____________

세균성 항원의 면역 및 항혈청 생산

〈준비물〉

a. 항원 대상균의 분리 균주
b. 방부제(0.5% phenol, 0.2% formalin 또는 0.2% tricresol)
c. HEL (hen egg lysozyme)
d. 일회용 1㎖, 5㎖ 주사기
e. CFA(Complete Freund's Adjuvant)
f. BALB/c 생쥐
g. Ether

〈실험결과〉

실험 No.	실험명	제조자	역가 (균주 mg/㎖)	방부제	제조번호 (Lot. No)	제조 년월일	유효 기간	보관	사용 동물	항혈청 역가
1	항원명									
	항원주사									
	항혈청									
2	항원명									
	항원주사									
	항혈청									
비고										

〈고찰〉

a. 면역이란?

b. 선천성 면역과 후천성 면역의 차이에 대해 설명하세요.

c. 항원 제조 방법과 항혈청 제조 방법에 대해 쓰세요.

제19과

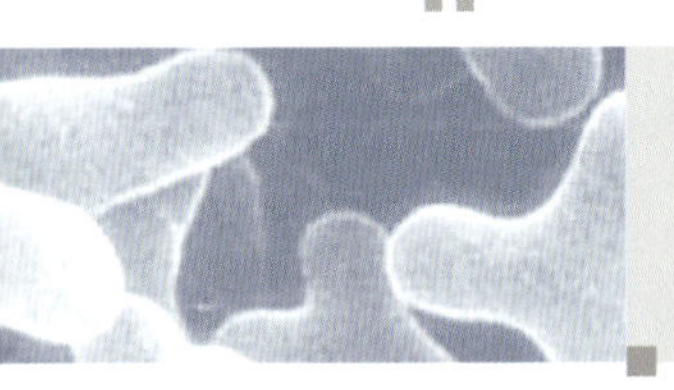

적혈구 응집반응 (Agglutination Reaction)

목적

a. 혈액을 채취하여 혈액형을 결정함으로써 응집반응의 원리와 방법을 이해한다.

b. 항원-항체 반응의 원리에 대해 이해한다.

c. 항체 역가 측정법을 숙지한다.

이론 및 배경

항원 입자와 대응하는 항체(IgG, IgM, IgA)가 반응하여 크고 작은 응집덩어리를 형성하는 것을 응집반응(agglutination reaction)이라고 한다. 응집반응은 전형적인 항원-항체반응으로 매우 특이적이고 가역적인 반응이며 각각의 표면에 작은 반응기를 가지고 있다. 응집반응은 혈액형을 결정, 항체 정량 등에 이용된다.

(1) A, B, O 혈액형 검사(Blood cell Type 또는 Front Typing)

A, B, O 혈액형 검사는 항-A 및 항-B 혈청과 적혈구와의 응집으로 적혈구상의 A-와 B-항원 유무를 판정하는 방법이다. 사람 적혈구에는 두 종류의 항원이 존재하고 4가지 주요 혈액형이 있다. A형 적혈구에는 항원 A가 존재하고 B형 적혈구에는 항원 B가 AB형 적혈구에는 항원 A와 항원 B가 존재한다. O형의 경우에는 두 항원이 모두 존재하지 않는다. 혈청에는 적혈구가 갖고 있지 않는 항원에 대한 항체가 존재한다. A형인 혈청에는 Anti-B가 들어있고, O형 혈청에는 anti-A 와 anti-B가 모두 존재한다. A, B, O 혈

액형 검사는 소량의 혈액을 anti-A 및 anti-B와 각각 혼합하여 응집 여부로 혈액형을 결정하는 것이다(그림 19-1).

실험재료

a. Slide glass
b. 70% alcohol 탈지면
c. 항혈청(anti-A, anti-B)
d. Lancet
e. Toothpick

실험방법

a. Slide glass 위쪽 좌, 우에 A, B라고 쓴 후, 백지 위에 올려 놓는다.
b. Slide glass 위에 anti-A, anti-B 두 방울씩을 떨어뜨린다.
c. 손가락 끝부분을 70% alcohol 탈지면으로 소독한다.
d. Lancet으로 손가락을 찔러 항혈청에 피를 한 방울씩 떨어뜨린다.
e. 혈액과 항체를 toothpick로 잘 섞은 후 1~2분간 상하좌우로 흔들어 준다.
f. 결과를 관찰한다(그림 19-2).

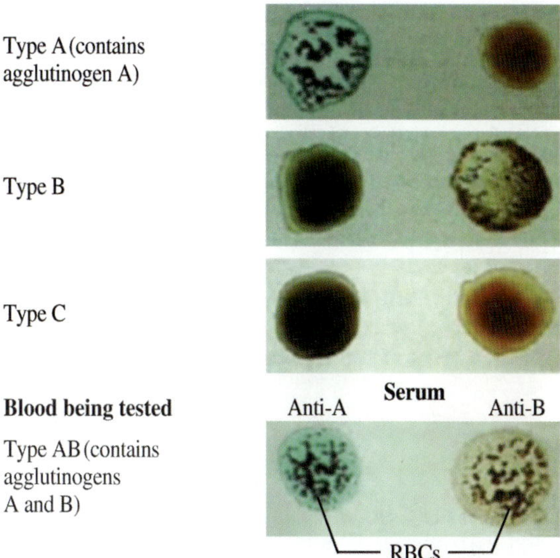

〈그림 19-1〉 A, B, O 혈액형 검사 반응

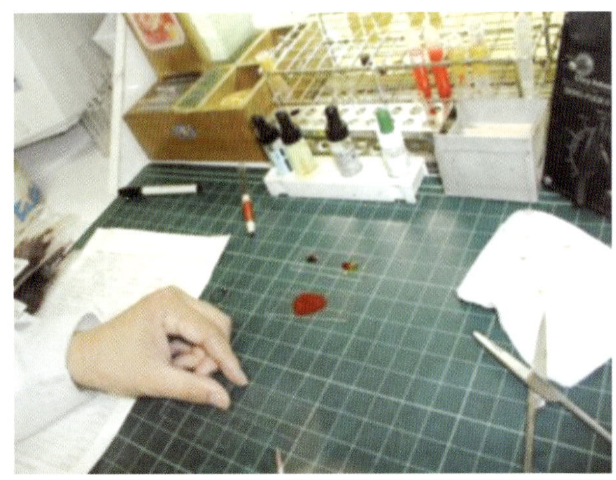

〈그림 19-2〉 A, B, O 혈액형 검사 실험

(2) 항체 역가 측정

항체는 어느 정도의 농도에 도달해야 반응이 나타나며 그 농도가 높을수록 역가도 높아지고 항체 농도가 농후해지면 항원과의 불균형으로 인하여 오히려 반응이 일어나지 않는다.

항체 역가 측정은 시험관내 또는 밑이 U형 96 well plate를 이용한다. 항체를 계열 희석시킨 후 각각에 일정량의 적혈구를 가하고 일정시간 반응시킨다. 항체와 적혈구가 서로 결합되는 경우 응집반응(크고 작은 과립자 생김)이 일어나고 서로 결합이 발생하지 않으면 적혈구만 밑바닥에 모인다(그림 19-3). 항체의 역가(titer)는 응집반응을 일으킨 최대 희석배수의 역으로서 표시한다.

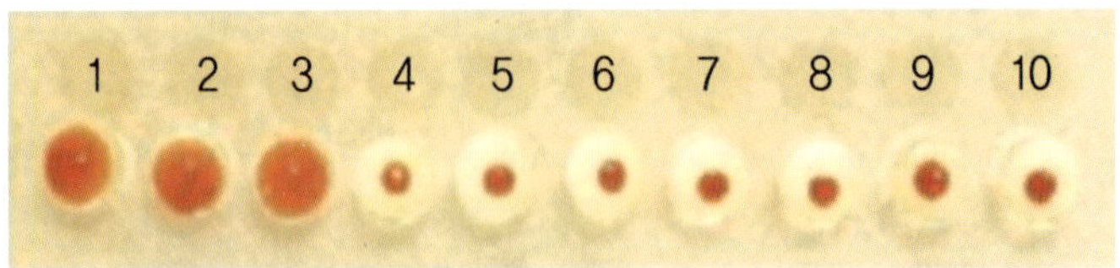

〈그림 19-3〉 U형 96 well plate를 이용한 항체 역가 측정

실험재료

a. 시험관(또는 U형 96 well plate)
b. 생리식염수
c. 항혈청(anti-A, anti-B)
d. 혈액(적혈구)

실험방법

a. 사람 혈액 10mℓ를 원심분리(5min, 800 X g)한다(그림 19-4).
b. 상층액을 제거하고 생리식염수로 세척한다. 이 과정을 2회 반복한다.
c. 최종 원심분리 후, 적혈구의 농도가 약 2~3%(v/v)가 되도록 생리식염수로 혼합한다.
d. Anti-A의 역가를 측정할 때에는 B형 또는 AB형의 혈액을 사용해야 하고, Anti-B의 역가를 측정할 때에는 A형 또는 AB형의 혈액을 사용한다.
e. 시험관을 10개 준비하여 labeling 한다(1-10번).
f. 각각의 시험관에 생리식염수 0.1mℓ씩 넣는다.
g. Pipette를 사용하여 첫째 시험관에 Anti-A(또는 anti-B) 0.1mℓ을 넣고 잘 혼합 후, 두번째 시험관에 0.1mℓ을 옮긴다. 다시 pipette으로 잘 혼합한 다음, 세번째 시험관에 0.1mℓ을 옮긴다. 이하 계속적으로 열번째 시험관까지 단계적으로 희석을 하고 마지막 시험관의 0.1mℓ은 버린다.
h. 음성 대조용 시험관에는 0.1mℓ의 생리식염수를 가한다.
i. 각 시험관에 적혈구 현탁액 한 방울씩을 가하고, 혼합하여 실온에서 약 1시간 동안 둔다.
j. 시험관 밑부분을 가볍게 건드려 적혈구를 부유시킬 때 적혈구가 흩어지는지 아니면 응집체가 보이는지를 관찰한다.

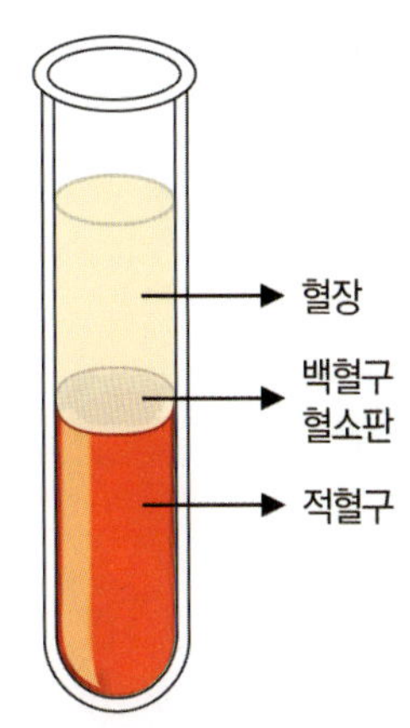

〈그림 19-4〉 원심분리 후 적혈구 층

용어정리

- **혈액형**(blood group) : 적혈구의 혈청학적 분류를 말한다. 어떤 사람의 혈액에 다른 사람의 혈액을 혼합하면 혈구의 덩어리가 만들어진다. 이 혈구의 덩어리를 만드는 현상을 응집반응이라고 하는데, 이것은 사람의 혈구에는 A 또는 B라는 항원이 있고, 한편 혈청에는 이들과 대응하는 항 A, 항 B라는 응집소로 불리는 항체가 있기 때문이며, 혈액형이 다른 사람끼리의 수혈이 위험한 이유가 바로 여기에 있다. 요약하면 혈액형은 혈구 속에 들어 있는 특정항원의 유무 또는 존재하는 항원의 구성에 따라 실시되는 분류를 말한다.
- **응집반응**(agglutination reaction) : 세포나 미세입자가 표면상의 접착물질을 통하여 서로 응집괴를 형성하는 반응이다. 금속입자나 적혈구의 표면에 특정 응집원 분자를 도포하여 이 분자를 인식하는 항체를 작용시키면 응집괴를 형성하여 침강반응이 확인된다.
- **혈소판**(blood platelet) : 혈액의 응고나 지혈작용에 중요한 역할을 한다. 지름 2~3㎛이며, 혈액 1mm^2 속에 약 30만~50만 개 들어 있다. 점조성이 있고 형상은 조건에 따라 변한다. 혈소판이 부족하면 출혈되기 쉽고 자반병에 걸리기 쉽다.
- **백혈구**(leucocyte) : 골수의 조혈조직으로부터 생기는 골수성의 혈액세포를 말한다.
- **혈장**(plasma) : 혈액 속의 유형 성분(적혈구, 백혈구, 혈소판)을 제외한 액체성분을 혈장이라 한다.

WORK SHEET

실험일 : 200　.　　.　　.

실험자 : ________________

A. A-, B-, O- 혈액형 검사

〈준비물〉

a. Slide glass

b. 70% alcohol 탈지면

c. 항혈청(anti-A, anti-B)

d. Lancet

e. Toothpick

〈실험결과〉

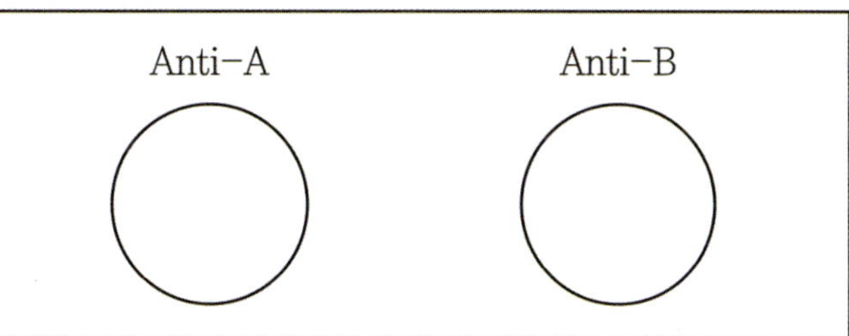

1. 관찰된 결과를 그려봅시다.

2. 각자의 혈액형을 결정해 보세요.

B. 항체 역가 측정

〈준비물〉

a. 시험관(또는 U형 96 well plate)

b. 생리식염수

c. 항혈청(anti-A, anti-B)

d. 혈액(적혈구)

〈실험결과〉

시험관 No.	희석 배수	응집반응 유무	역가
1			
2			
3			
4			
5			
6			
7			
8			
9			
10			

〈고찰〉

a. 항원- 항체 반응에서 응집반응이란 무엇인지 설명하세요.

b. A형 혈액을 B형 혈액형 환자에게 수혈할 수 없는 이유는 무엇입니까?

c. 항체 역가 측정법에 대해 설명하세요.

d. 임상에서 항체역가를 결정하는 이유는 무엇입니까?

제20과

면역 침강법(Immunoprecipitation)

목적

a. 침강반응의 원리와 방법을 이해한다.

b. Precipitin ring 실험을 통해 항원-항체 반응의 원리에 대해 이해한다.

이론 및 배경

면역 침강법은 가용성 항원을 항체를 이용하여 항원-항체 복합체의 침전을 형성하게 하여 항원의 존재를 확인하는 방법이다. 이 방법은 일반적으로 단백질과 같은 수용성 항원을 확인할 때 이용된다. 가느다란 시험관에 소량의 항혈청을 넣고 그 위층에 소량의 항원을 넣어 주면 항원-항체 접촉면에 침강이 일어나서 환(ring)을 형성한다(그림 20-1).

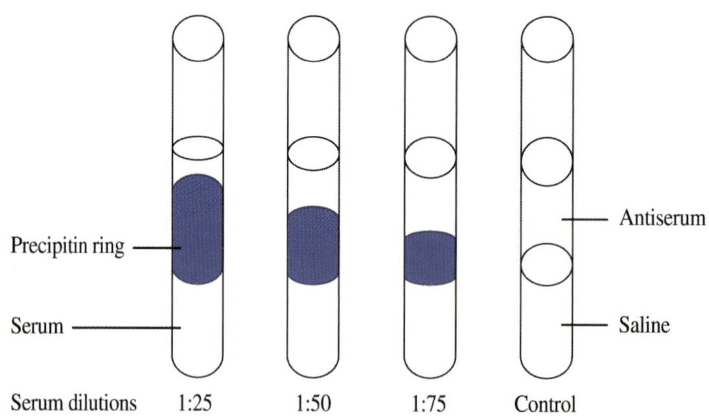

〈그림 20-1〉 침강반응 실험

실험재료

a. 생리식염수(0.85% NaCl)
b. 항원(bovine serum albumin : BSA)
c. 항체(BSA에 대한 antiserum)
d. 혈청시험관(8 X 75mm)
e. 0.5mℓ pipette
f. 37℃ 배양기

실험방법

a. 혈청시험관을 4개 준비하여 labeling 한다(1:25, 1:50, 1:75, control).
b. 생리식염수로 Bovine serum albumin(BSA)을 5 mg/mℓ로 녹인다.
c. 시험관에 label한 것과 같이 1:25, 1:50, 1:75로 희석한 BSA을 0.5mℓ pipette를 사용하여 0.3mℓ씩 혈청시험관에 넣는다.
d. 새로운 0.5mℓ pipette으로 0.3mℓ 생리식염수를 control 시험관에 넣는다.
e. 조심스럽게 각각의 시험관에 BSA 항체액 0.3mℓ씩 넣는다.
f. 항체액이 섞이지 않도록 세심한 주위가 필요하다.
g. 37℃ 배양기에서 30분간 모든 시험관을 배양하고 결과를 관찰한다.

용어정리

○ 면역침강(immunoprecipitation) : 특이 항체 및 항원의 상호작용에 의한 침강반응

WORK SHEET

실험일 : 200 .   .   .

실험자 : ____________

면역침강법

〈준비물〉

a. 생리식염수(0.85% NaCl)

b. 항원(bovine serum albumin : BSA)

c. 항체(BSA에 대한 antiserum)

d. 혈청시험관(8 X 75mm)

e. 0.5㎖ pipette

f. 37℃ 배양기

〈실험결과〉

	항원 희석비			
	1:25	1:50	1:75	Control
precipitin ring 존재 여부 (+) 또는 (−)				

〈고찰〉

a. 면역 침강반응과 면역 응집반응의 차이점에 대해 설명하세요.

b. 항원-항체 반응에서 침강환이 없는 경우에 대해 설명하세요.

c. 면역 침강반응에서 항원 희석비를 결정하는 이유는 무엇입니까?

제21과

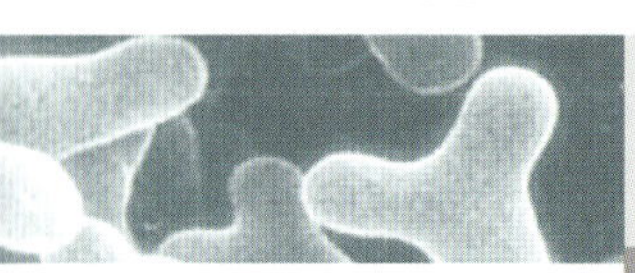

면역 확산법(Immunodiffusion Analysis)

목적

a. 항원-항체 반응을 조사하는 방법으로 젤 확산법에 대해서 숙지한다.
b. 면역 확산법의 원리와 방법을 이해한다.

이론 및 배경

면역 확산법은 agar나 agarose gel 상에서 항체나 항원이 쉽게 확산되어 결합하면 침전물이 형성되는 원리를 이용한 방법이다. 균일한 농도의 항체를 포함하고 있는 agar plate에 well을 만들고, well 안에 항원을 넣어 확산시키면 침강원(precipitation ring)이 형성된다. 침강원의 지름은 well 안의 항원 농도에 비례한다. 즉, 많은 결합이 일어나면 지름이 크고 진한 밴드가 나타나며, 적은 결합이 일어나면 지름이 작고 약한 밴드가 형성된다. 이를 이용하여 항원 농도를 검색할 수 있다. 또한 agar plate 상에 항원 대신에 항체를 놓고 well 안에 항체를 넣어주어 항체의 생성 정도를 쉽게 검색할 수 있다.

면역 확산법에는 Oudin 시험관 방법과 Ouchterlony 플레이트 방법이 있다. 이 책에서는 Ouchterlony 플레이트 방법을 설명한다. Ouchterlony 분석법은 두 항원간의 상호 연관성을 조사할 목적으로 이용된다. 두 well에 동일한 항원을 넣고 나머지 well에 그 항원에 대한 항체를 넣을 때, 침강선이 서로 연결된 하나의 선을 형성한다(그림 21-1, A). 이렇게 침강선이 하나로 나타나는 경우는 두 항원이 동일하다는 것이다. 두 항원을 각각의 well에 넣고 두 항원에 대한 항체를 혼합하여 나머지 well에 넣은 경우, 침강선은 서로 교차한 모양으로 각각 나타났다(그림 21-1, B). 이런 경우는 두 항원이 서로 동일하지 않다는 것을 의미한다. 두 항원을 각각의 well에 넣고 한 항원에 대한 항체를 나머지 well에 넣은 경우, 침강선은 돌출한 spur를 형성하고 있다(그림 21-1, C). 이런 경우는 두 항원이 항체 A에 대해서 반응은 하지만, 항원 B가 항원 A보다 항원 결정기가 적기 때문에 spur를 형성한다.

실험재료

a. 원숭이, 토끼, 말, 사람 혈청(항원)
b. 항-혈청(사람)
c. Agarose(또는 Noble agar)
d. Phosphate buffered saline containing 0.02% sodium azide(PBS-azide)
e. Boiling water bath
f. Gel punch(또는 cork borer vacuum line) 등

실험방법

a. 1% Agarose(1% in PBS-azide)를 완전히 녹인 후 약 60℃까지 식힌다.
b. 5㎖ pipette으로 petri dish 당 3.5㎖씩 균일한 두께로 응고시킨다.
c. 항원이 새는 것을 방지하기 위하여 완전히 건조시킨다.
d. Gel punch를 이용하여 내경 2mm의 well을 petri dish에 다음 아래와 같이 2개 만든다.

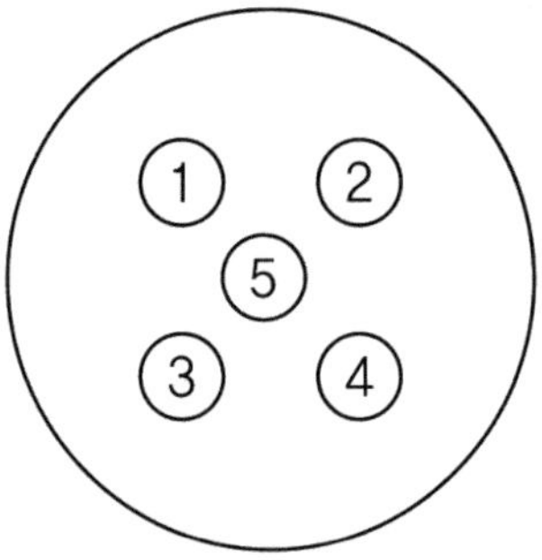

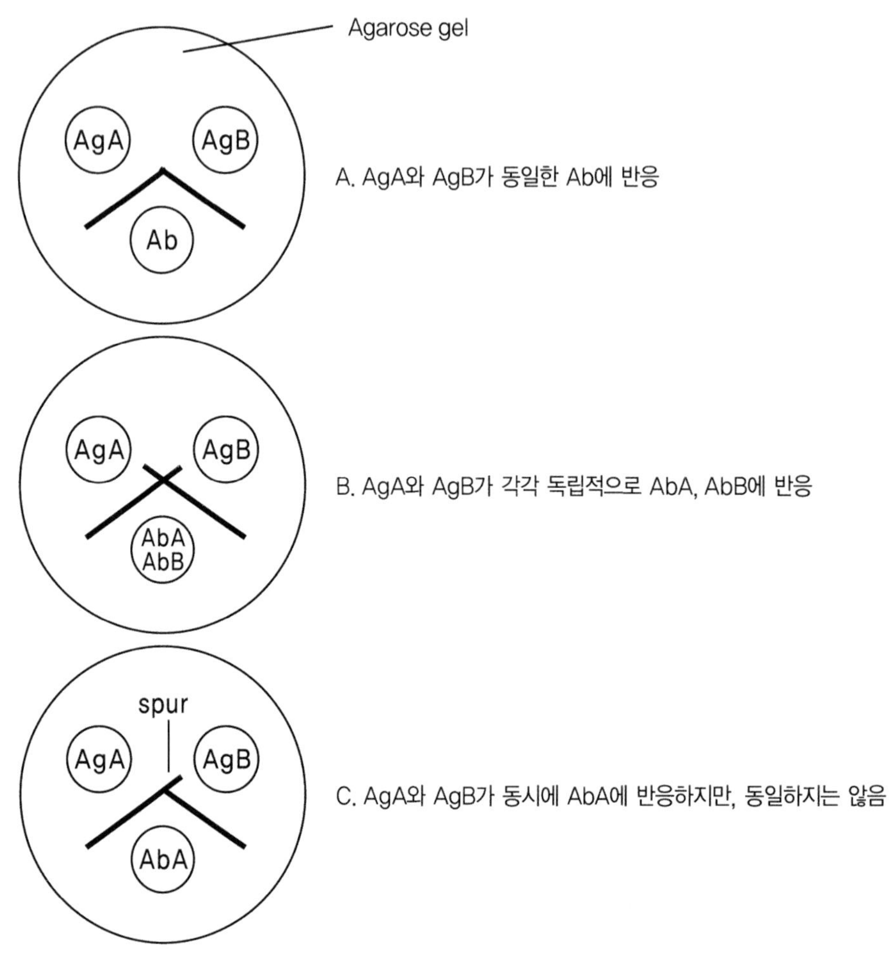

〈그림 21-1〉 젤 확산(Ouchterlony) 분석법

e. Well과 well 사이에는 7~10mm로 하고, well은 수직으로 만들어져야 한다.

f. Aspirator에 연결된 pasteur pipette를 이용하여 agar plug를 제거시킨다.

g. 중앙 well에 anti-serum(사람) 5㎕를 넣는다.

h. 보통 희석시키지 않은 항체(anti-serum)를 사용하나 적당히 희석함으로서 침강선의 위치를 조절할 수 있다.

i. 1번 well에 원숭이 항원, 2번 well에 토끼, 3번 well에 말 항원, 4번 well에 사람 항원을 각각 넣는다.

j. Petri dishes를 실온의 humid chamber에서 하루 동안 반응시키고 결과를 관찰한다.

용어정리

○ **면역확산법**(immunodiffusion analysis) : 각각 떨어져 위치하고 있는 특이적인 항원과 항체가 겔(gel) 중에서 서로 확산해서 결합하여 침강대 또는 침강선을 형성하는 것을 관찰하는 항원-항체 반응을 연구하는 한가지 방법이다.

WORK SHEET

실험일 : 200 . . .

실험자 : ________________

면역 확산법 (Ouchterlony 분석법)

〈준비물〉

a. 원숭이, 토끼, 말, 사람 혈청(항원)

b. 항-혈청(사람)

c. Agarose(또는 Noble agar)

d. Gel punch(또는 cork borer vacuum line) 등

〈실험결과〉

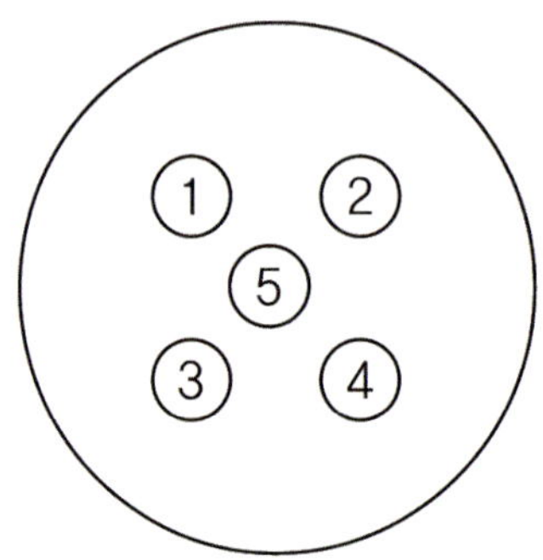

1. 침강선을 관찰하고 관찰된 침강선을 그리세요.

2. 각각의 침강선을 관찰하고 항원간의 상호 연관성을 설명하세요.

〈고찰〉

a. 침강선이 형성되는 이유에 대해 설명하세요.

b. 면역 확산법에서 Ouchterlony 플레이트 방법의 실험목적은 무엇입니까?

c. 침강선에서 돌출한 spur가 형성되었다. 그 이유를 설명하세요.

제22과

Enzyme-Linked Immunosorbent Assay (ELISA)

목적

a. ELISA 실험법의 원리와 방법을 숙지한다.

b. ELISA 실험법 3가지을 이해하고 숙지한다.

c. 항원 또는 항체 정량 방법을 습득한다.

이론 및 배경

ELISA는 항원-항체 반응을 확인하는 분석법 중 하나이며 항원 또는 항체를 정성하고 정량할 수 있다. 실험방법이 간단하고 비용이 비교적 적게 들며 많은 샘플을 동시에 분석할 수 있고, 민감성이 뛰어나 극미량의 항원 검색과 각종 질환의 진단 등에 현재 가장 많이 사용되고 있다. ELISA는 크게 3가지 방법이 있다(그림 22-1). 즉, indirect ELISA, sandwich ELISA 그리고 competitive ELISA 방법이 있다. Indirect ELISA(그림 22-1, A)는 먼저 ELISA plate에 항원을 고정시킨 다음, 항원에 대한 항체(1차 항체) 그리고 1차 항체에 해당하는 효소가 결합된 2차 항체를 차례로 첨가하여 항원-항체-항체효소의 복합체를 형성시키는 방법(indirect ELISA)이다.

Sandwich ELISA(그림 22-1, B)는 항체를 ELISA plate에 고정시키고 항원 그리고 효소가 결합된 항체를 차례로 첨가하여 항체-항원-항체효소의 복합체를 형성시키는 방법이다. Competitive ELISA(그림 22-1, C)는 시험관에서 결합시킨 항원-항체를 항원으로 ELISA plate을 고정시킨 plate에 넣고 효소가 결합된 2차 항체를 차례로 첨가하여 복합체를 형성시키는 방법이다. 2차 항체에 결합된 효소는 기질을 첨가함으로써 유색의 산물을 생성하게 되고 유색의 정도는 ELISA reader(그림 21-2)나 분광 광도계를 이용하여 측정할 수 있다(그림 22-3). ELISA에 주로 이용되는 효소는 alkaline phosphatase(AP)와 horse radish peroxidase(HRP) 등이 있다. 다음에 indirect ELISA 실험법을 서술하였다.

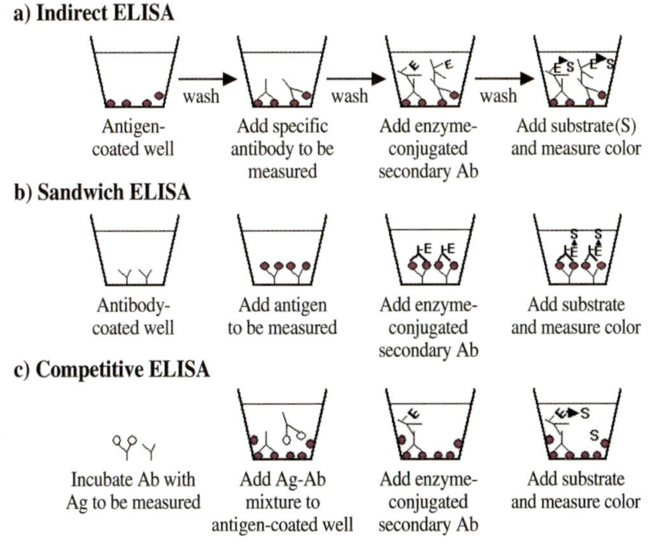

〈그림 22-1〉 Enzyme-Linked Immunosorbent Assay(ELISA) 실험 원리 요약

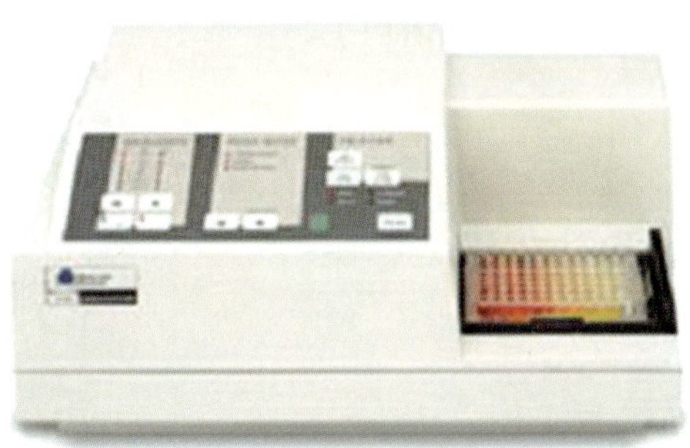

〈그림 22-2〉 ELISA reader

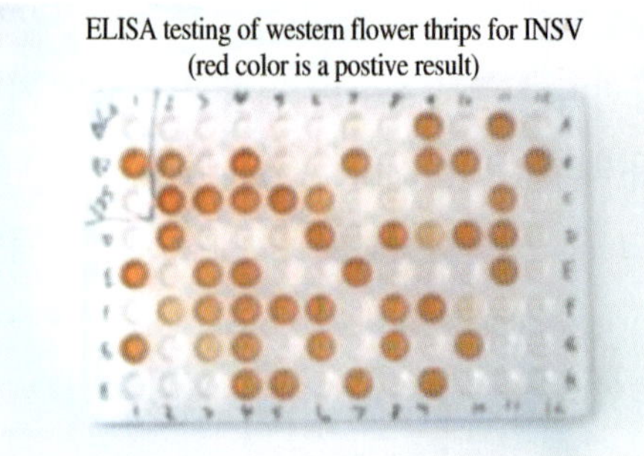

〈그림 22-3〉 ELISA 측정 결과

실험재료

a. 항체 : mouse anti-ovalbumin serum, normal mouse serum(대조군 항체), Enzyme-conjugated antibody(goat anti-mouse IgM-AP, 2차 항체)

b. 항원 : ovalbumin(2㎍/㎖ in PBSN), bovine serum albumin(2㎍/㎖ in PBSN, 대조군)

c. Buffer : phosphate buffered saline(pH 7.4), PBSN(0.02% in Phophate buffered saline, pH 7.4), substrate buffer(pH 9.6), blocking buffer(1% BSA in PBSN), dilution buffer(0.1% BSA and 0.05% Tween 20 in PBSN)

d. 기질 : p-nitrophenyl phosphate(pNPP)

e. 96 well ELISA plate

f. ELISA reader

실험방법

a. 항원(ovalbumin, BSA)을 PBSN에 녹이고 2, 1, 0.5, 0.25, 0.15, 0.07㎕/㎖ 농도로 각각 희석하여 96 well ELISA plate에 well 당 100㎕씩 각각 분주하여 4℃에서 하룻밤 방치하여 항원을 붙인다(또는 실온에서 2시간 반응).
b. PBSN으로 세 번 세척하여 plate 바닥에 흡착되지 않은 항원을 제거한다.
c. Blocking buffer 150㎕를 넣고 실온에서 30분 방치한 후, PBSN으로 세번 세척한다.
d. Mouse anti-ovalbumin serum을 500배 희석한 후, well 당 100㎕씩 넣고 2시간 동안 실온에서 반응시킨다. Normal mouse serum도 500배 희석하여 같은 양을 넣고 동시에 반응시킨다.
e. PBSN으로 세 번 세척한다.
f. Enzyme-conjugated Ab(goat anti-mouse IgM-AP)를 10,000배 희석해서 100㎕씩 well에 넣고 1시간 동안 실온에서 반응시킨 다음, PBSN으로 세번 세척한다.
g. 기질(pNPP)을 1㎎/㎖ 농도로 substrate buffer에 녹인 후, 100㎕씩 well에 넣는다.
h. 노란색으로 발색이 되는지 눈으로 관찰한 다음 ELISA reader로 405nm에서 흡광도를 측정한다.

용어정리

○ ELISA(Enzyme-Linked Immunosorbent Assay) : 항체를 효소로 표지하여 항체와 결합하는 물질을 검출하는 방법이다. 진단이나 여러 가지 생물학적 검사에 없어서는 안될 기법의 한가지로 원리는 측정대상의 항원과 반응하는 항체를 peroxidase와 galactosidase 등의 효소를 화학적으로 결합시킨 항체로 검출하는 것이다.

WORK SHEET

실험일 : 200 . . .

실험자 : ________________

Enzyme-Linked Immunosorbent Assay (ELISA)

〈준비물〉

a. Mouse anti-ovalbumin serum, normal mouse serum 각각 500배 희석

b. Enzyme-conjugated antibody(goat anti-mouse IgM-AP) 10,000배 희석

c. Ovalbumin, bovine serum albumin 각각 2㎍/㎖ 농도

d. p-nitrophenyl phosphate(pNPP) 1mg/㎖ 농도

〈실험결과〉

1. 흡광도의 측정 결과를 기록한다.

2. BSA을 이용하여 표준곡선을 만든다.

3. Ovalbumin의 농도를 확인한다.

〈고찰〉

a. ELISA 실험법의 특징은 무엇입니까?

b. Indirect ELISA, sandwich ELISA 그리고 competitive ELISA 방법의 차이점은 무엇입니까?

c. 효소가 결합된 2차 항체를 쓰는 이유는 무엇입니까?

d. Blocking buffer를 쓰는 이유는 무엇입니까?

제23과

면역세포 분리와 관찰

목적

a. 혈액으로부터 면역세포들을 분리해 본다.
b. Ficoll-hypaque 용액의 원리를 이해한다.
c. 분리된 면역세포들을 염색하여 관찰해 본다.
d. 분리된 면역세포의 수를 counting해 본다.

이론 및 배경

면역세포는 다양한 세포들이 서로 상호작용하고 림프기관 같은 특정한 조직을 이루어 체내 면역을 담당한다. 면역세포들은 혈액이나 조직액을 따라 몸 전체로 순환되고 있기 때문에 혈액 중에도 많이 존재한다. 혈액에는 다양한 종의 혈구들과 혈장 단백질들이 섞여있다. 혈액 내에는 적혈구가 가장 많이 존재하며 단핵구, 호중구, 혈소판 등과 같은 세포들이 섞어 있다. 그 밖에도 임파구인 B-cell, T-cell 같은 세포가 존재한다. 이 세포들은 세포들 간의 밀도 차이에 의해서 분리할 수 있다. 혈액으로부터 임프구와 같은 단핵구(mononuclear cells)를 분리할 때 사용하는 방법은 Ficoll-Hypaque 용액을 사용하는 것이다. 원심분리관에 Ficoll-hypaque 용액을 넣고 분리하고자 하는 혈액을 넣고 원심분리하면, 적혈구나 다형 백혈구(polymorphonuclear cells, PMN)는 Ficoll-Hypaque의 비중보다 무겁기 때문에 가라앉고 단핵구는 비중이 가볍기 때문에 Ficoll 층보다 위쪽에 존재한다(그림 23-1). 단핵구에는 B-cell, T-cell, monocyte , NK-cell 등이 존재한다. 분리된 세포들을 확인할 경우 trypan blue 염색액을 이용하여 관찰할 수 있다. 살아 있는 세포의 경우 색소가 염색되지 않아 투명하게 보이고 죽은 세포들은 염색액에 염색되어 푸르게 보인다. 분리된 세포의 수를 측정할 경우는 hemocytometer

를 이용한다. Hemocytometer는 9개의 큰 구획으로 되어 있고 하나의 구획에 존재하는 세포 수에 10^4을 곱하면 mℓ당 세포의 수가 계산된다. 일반적으로 오차를 줄이기 위해 네 구획에 존재하는 세포 수를 counting 한 후 4로 나누어 계산한다.

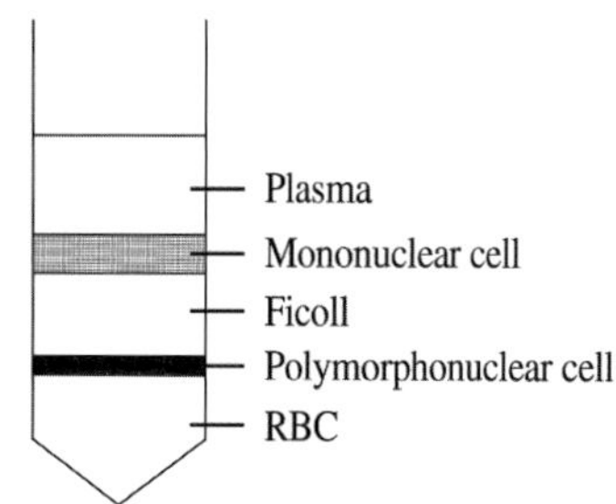

〈그림 23-1〉 Ficoll-Hypaque 용액을 이용한 혈액세포 분리

실험재료

a. 마우스
b. Balanced salt solution(BSS)
c. Ficoll-Hypaque solution(density 1.077g/liter)
  - 64.0g Ficoll과 0.7g NaCl을 증류수 600mℓ에 녹이고 99.0g sodium diatrizoate를 넣어 녹인 후, 증류수를 넣어 최종 부피를 1 liter로 만든다.
d. Pasteur pipette, 시험관, 15mℓ 원심분리관
e. 1mℓ, 5mℓ syringe
f. Trypan blue(0.4% in saline)
g. 현미경, hemocytometer, cover glass

실험방법

a. 에테르로 마우스를 마취시킨 후, 5mℓ syringe를 이용하여 혈액 3~4mℓ를 채취한다.
b. 혈액과 동일한 양의 BSS 넣고 혼합한다.
c. 원심분리관에 3mℓ의 Ficoll-Hypaque 용액을 넣고 그 위에 희석한 혈액을 pasteur pipette를 이용하여 천천히 넣는다(두 층이 분명히 경계를 이루도록 한다).
d. 실온에서 2,000rpm으로 30분간 원심분리한다.
e. Pasteur pipette를 이용하여 각 경계선상의 세포를 취하여 새로운 tube에 넣는다.
f. 분리된 면역세포 0.5mℓ을 새로운 시험관에 넣고 Trypan blue 염색액 0.5mℓ를 첨가하여 잘 혼합한 후, hemocytometer를 이용하여 100배에서 관찰한다.
g. 분리된 면역세포 중 살아있는 세포 수와 비율을 계산한다.
h. 분리된 면역세포들의 모양과 세포의 종류를 관찰한다.

용어정리

○ **면역세포**(immunocyte) : 면역세포는 크게 2가지로 나뉜다. 그 하나는 골수 유래의 간세포에서 분화되는 도중에 흉선의 영향을 받은 T세포(T는 흉선, 즉 thymus의 머리글자)이고, 다른 하나는 골수 유래의 B세포(B는 골수, 즉 bone marrow의 머리글자: 비 림프구)이다. T세포와 B세포는 그 표면막의 구조, 생체 내에서의 분포, 여러 가지 물리, 화학적 처리에 대한 기능 등이 다르다.

○ **혈장단백질**(plasma protein) : 혈액으로부터 적혈구와 백혈구 등 유형 성분을 제외하고 남은 혈장에 포함되어 있는 단백질. 혈장단백질에는 albumin, globulin, 출혈방지용의 fibrinogen, 혈액응고인자와 각종 감염증용의 면역 globulin 등 유용단백질이 포함되어 있다.

○ **단핵구**(monocyte) : 호중구와 비슷한 식작용 역할을 하는 세포로써 박테리아와 싸우는 능력이 있으나 단핵구는 호중구보다 더 빨리 형성되고 순환 혈액내에서 더 장시간 생존한다.

○ **호중구**(neutrophil) : 백혈구의 하나. 세균감염에 의한 방어와 염증 형성작용이 있다. 면역계에 의하지 않는 비특이적, 생체방어반응을 담당한다.

○ **림프구**(lymphocyte) : 백혈구의 일종으로 식세포 작용을 하는 세포. 림프구는 림프아세포가 성숙하여 만들어진다. 만들어지는 장소는 골수와 흉선, 림프절, 내피계 등의 림프조직 두 곳이다. 림프구는 γ-글로불린을 함유하며 항체의 생성 이외에도 바이러스의 식세포작용을 한다.

○ **B-림프구**(B-lymphocyte) : 항체 생산 세포의 전구세포에 상당하는 림파구 아군, 유약 B세포는 활성화, 증식, 분화의 3단계를 거쳐서 항체 생산 세포(형질세포, 플라즈마세포)로 되며 항원과 특이적으로 결합하는 항체를 생산하는 기능을 발휘한다.

○ **T-림프구**(T-lymphocyte) : 항체 생산의 조절과 표적세포의 상해를 담당하는 중요한 임파구, 면역계의 사령탑이라고 한다. 최근에는 조혈계를 조절한다고 알려져 있다. 골수의 조혈간세포가 태생기에 흉선을 통과하면서 T-림프구로 분화하여, 말초 임파조직의 흉선의 임파절부피질 등에 분포한다.

○ **NK-세포**(natural killer cell) : 자연살세포라고도 한다. 항원작용이 시작되는 면역적인 지령에 따르지 않고 말하자면 비특이적으로 종양 세포나 바이러스 감염 세포를 상해하는 임파구이다.

WORK SHEET

실험일 : 200 . . .

실험자 : ______________

마우스로부터 면역 세포분리와 관찰

〈준비물〉

a. 마취시킨 마우스

b. Ficoll-Hypaque solution

c. Trypan blue(0.4% in saline)

d. Hemocytometer

〈실험결과〉

	분리된 면역세포				세포 종류
	전체 세포수	죽은 세포수	산 세포수	비율	
세포 관찰					

〈고찰〉

a. 혈액의 세포 구성과 각각 세포의 기능에 대하여 간단하게 설명하세요.

b. Ficoll-Hypaque 용액을 이용할 면역세포분리법의 원리는 무엇입니까?

c. 원심분리 후 단핵구 층에 포함된 면역세포와 다형 백혈구층에 포함된 면역세포의 종류는 무엇입니까?

d. Hemocytometer로 세포수를 counting하는 방법에 대해 설명하세요.

e. Trypan blue 염색액을 사용하는 이유는?

제24과

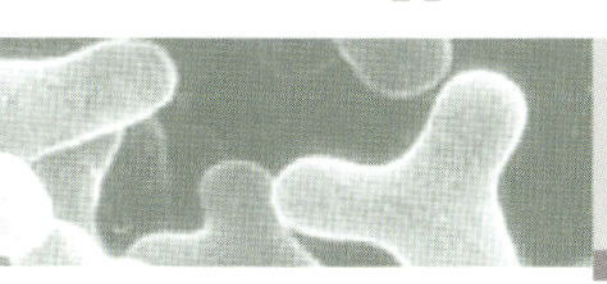

임상미생물 검사법

목적

병원성 미생물을 검사하여 예방하는 절차와 방법을 숙지한다

이론 및 배경

병원미생물은 질병의 원인이 된다. 미생물 검사는 질병을 진단, 치료하고 예방법을 확립하기 위해 미생물을 대상으로 검사하는 것이다. 미생물 검사는 박테리아가 어느 정도 감염되어 있는지, 그리고 대장균, 슈도모나스균, 포도상구균, 장티푸스균 등 질병을 일으킬 수 있는 병원균이 오염되어 있는지를 검사하는 것이다. 예를 들어 혈액검사에서 미생물 검사는 바이러스, 박테리아, 결핵균, 항생제 내성균, 곰팡이 등을 배양하여 동정할 수 있고 질병의 원인이 이들 미생물일 때 적절한 항생제를 사용하여 치료할 수 있기 때문에 중요한 검사이다. 임상미생물 검사는 그림 24-1와 같은 전략으로 검사한다. 검체를 채취하고 취급할 때 반드시 무균적으로 다루어야 한다. 검체 채취 후 즉시 검사하는 것을 원칙으로 하고, 멸균된 뚜껑이 있는 용기를 사용하여야 한다. 여건상 즉시 검사하지 못할 경우 수송용 배지나 특수 용기를 사용하여 적당한 환경에서 보존하여야 한다.

실험방법

● 혈액 배양(Blood Culture) 검사

a. 장티푸스, 파라티푸스, 브루셀라증, 야토병, 탄저, 폐렴, 수막염, 악성 종양, 혈액질환

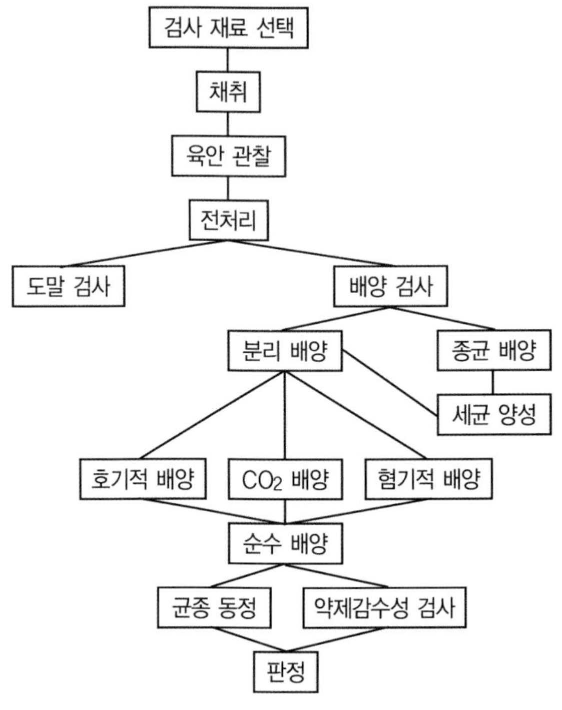

〈그림 24-1〉 임상미생물 검사법 전략

등과 같은 질환일 때 혈액배양을 한다.

b. 세균, 나선균, 바이러스, 기생충의 원충, 진균 등의 병원체가 감염되어 검출될 수 있다.

c. 호기성 배양과 혐기성 배양을 동시에 실시한다.

- 호기성 배양용 배지 : Trypticase soy broth, Brain Heart Infusion broth
- 혐기성 배양용 배지 : Thioglycollate broth

d. 배지에 세균이 생기면 Gram 염색, 분리 배양, 동정, 약제 감수성검사 등을 실시한다.

e. 보통 성인의 경우 10㎖ 씩 채혈하고 신생아는 1~2㎖의 혈액을 채혈하여 배양을 한다.

f. 혈액에서 흔히 분리되는 병원균

- 포도구균, 장내세균, 대장균, *K. pneumoniae*, *Pseudomonas* 속, *Salmonella typhi*, *Vibrio vulnificus*, *Bacteroides fragilis* 등이 검출된다.

g. 채혈방법

- 채혈부위 혈관을 선정하고 피부 주변을 70% 알코올 솜으로 깨끗이 닦는다.
- 2% povidone iodine을 70% 알코올로 닦은 부위에 발라 준다.

- 1분 후에 소독된 부위를 손대지 말고, syringe로 10㎖ 정도 채혈한다.
- 주사침을 뺀 자리를 70% 알코올 솜으로 누른다.

h. 혈액중의 균수 측정법

- 헤파린(heparin)으로 혈액응고를 막는다.
- 무균적으로 채혈한 혈액을 멸균 Petri dish에 넣는다.
- 45~50℃를 유지한 한천배지에 혼합한다.
- 37℃ 배양기에서 배양한다.
- Petri dish를 열지 말고 하루 1번 세균 발육을 관찰한다.

i. 세균 동정방법

- 혈액 내에서 발육된 균액을 Sheep Blood agar, MacConkey agar, Chocolate agar, GAM agar 배지에 접종한다.
- 37℃ 배양기에서 24시간 배양 후 발육된 집락을 동정한다. Sheep Blood agar 배지에서 세균의 α-용혈능, β-용혈능, 색, 모양을 관찰한다.

참조 MacConkey agar 배지에서 lactose을 분해하는 세균은 pink-red 집락, lactose를 분해하지 못하는 세균은 무색집락으로 관찰된다. Chocolate agar 배지에서는 수막염균, Brucella 등이 발육한다. GAM agar배지에서는 혐기성균의 발육을 관찰할 수 있다.

용어정리

○ **미생물학적 검사(microbiological examination)** : 검체가 질병을 일으킬 수 있는 병원균에 오염되어 있는지를 가려내는 검사이다. 병의 원인이 미생물이라고 생각될 때, 그 진단, 치료, 예방법을 확립하기 위해 미생물을 대상으로 하는 검사이다. 미생물학적 검사는 상존하고 있는 박테리아수가 총체 몇 개이고, 대장균, 장티푸스균, 포도상구균, 슈도모나스균 등 질병을 일으킬 수 있는 병원균에 오염이 되어 있는지를 가려내는 것이다.

○ **병원균(pathogenic bacteria)** : 동물에 기생해서 병을 일으키는 능력(병원성 또는 독성)을 가진 세균을 의미한다.

○ **혈액검사(blood test)** : 질병의 진단, 치료 및 예후 판정을 목적으로 혈액의 각종 성분을 검사하는 일.

○ **호기성균(aerobic bacteria)** : 산소의 존재하에 증식하는 세균. 대장균, 효모, 고초균 등 유전자 조작의 숙주가 되는 세균이 포함된다. 기타 질소고정균인 Azotobacter 등도 있다.

○ **혐기성균(anaerobic bacteria)** : 자라는데 산소를 필요로 하지 않는 세균. 통성혐기성균은 산소가 있으면 그것을 이용할 수 있으나 산소없이도 자랄 수 있다.

WORK SHEET

실험일 : 200 . . .

실험자 : ________________

혈액배양 검사

〈준비물〉

a. 환자의 혈액(10㎖ 씩 채혈)

b. 배양용 배지

- 호기성 배양용 배지 : Trypticase soy broth, Brain Heart Infusion broth
- 혐기성 배양용 배지 : Thioglycollate broth

〈실험결과〉

실험 항목	환자 1의 혈액	환자 2의 혈액
집락 관찰(색소, 냄새, 점액성)		
Sheep Blood agar		
GAM agar		
MacConkey agar		
Chocolate agar		
Gram 염색		
약제 감수성 검사		
Trypticase soy broth		
Brain Heart Infusion broth		
Thioglycollate broth		

〈고찰〉

a. 임상미생물 검사법의 전략은 무엇입니까?

b. 혈액에서 흔히 분리되는 병원미생물의 종류는 무엇입니까?

c. 혈액내 미생물을 검사하는 이유는?

제25과

장내 세균 및 병원미생물의 검사법 [대장균(*Escherichia coli*) 동정 시험]

목적

대표적 오염 세균인 대장균의 존재 유무를 임상시료에서 확인하는 검사법이다.

이론 및 배경

대장균은 Gram 음성균이고 포자를 형성하지 않는 간균이다. Lactose를 분해하여 가스를 생산하는 통성 혐기성균(또는 호기성균)이다(그림 25-1). 온혈동물의 장관에 서식하며, 분변 1g 당 10^8~10^{11} cell 정도가 존재한다. 검사방법이 간단하고 국제적으로 통일되어 있기 때문에 식품검사나 수질검사의 위생지표 균으로 많이 활용되고 있다. 대장균은 *Salmonslla*, *Shigella*와 같이 장내세균이고 대장균이 이들 세균과 같이 존재할 가능성이 높기 때문에 위생지표 균으로 활용되고 있다. 임상시료에서 대장균은 IMViC 시험으로 식별할 수 있다. IMViC 시험이란 Indole test, Methyl red test, Voges-proskauer test, Citrate test의 4종 시험을 의미한다. 이 외에도 대장균을 식별하기 위해서 40℃ 발육시험과 gelatin 액화 시험을 한다.

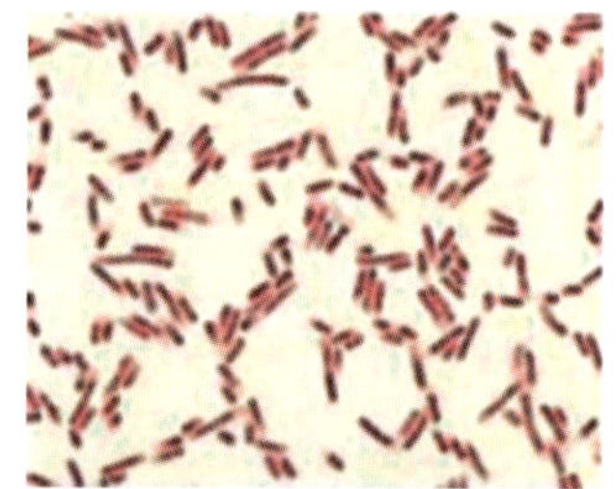

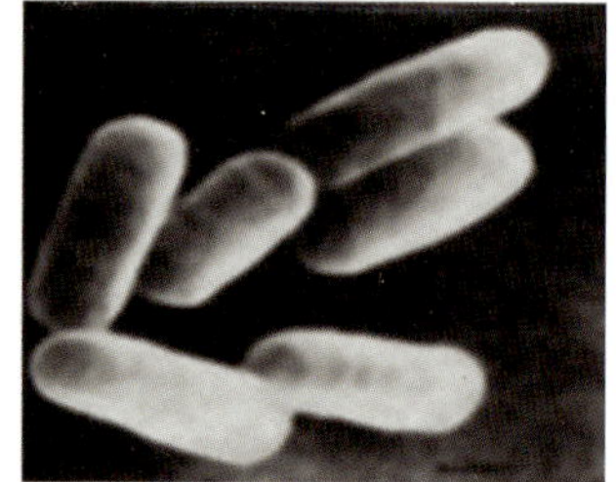

〈그림 25-1〉 대장균의 사진

IMVIC 시험 결과(대장균 식별시험)

	Indole	MR	VP	Citrate	Growth at 40℃	Gelatin
E. coli	+	+	−	−	+	−
K. pneumonia	+	−	+	+	−	−
E. cloacae	−	−	+	+	−	−
E. aerogenes	−	−	+	+	−	−
E. caroxora	−	−	+	+	−	+
C. frevndii	−	+	−	+	−	−

실험재료

a. Indole test

- Tryptophan broth, Kovacs' indole reagent

b. Methyl red test

- MR-VP medium, Methyl-Red pH indicator

c. Voges-proskauer test

- MR-VP medium, Barritt's VP reagent

d. Citrate test

- Simmons citrate agar

실험방법

A. Indole test : Indole을 생성하는지 여부를 판단

a. 대장균을 35℃에서 16~20시간 nutrient broth에서 전 배양하고 log phase의 균액을 준비한다.

b. 1% Tryptophan broth를 5mℓ 씩 test tube에 분주하고 멸균한다.
c. 준비된 log phase의 균액을 백금이로 접종한다.
d. 35℃ 배양기에서 48시간 배양한다.
e. 0.5mℓ의 Kovacs 시약을 첨가한다.
f. 시험관을 흔든 후 10분간 방치한다.
g. 붉은색이 발색되는지 관찰한다.

B. Methyl red test

미생물이 포도당을 분해하는 산을 생성하는지 여부를 판단하는 실험. 대부분 장내 세균은 포도당을 분해하고 산을 생성하여 pH를 5이하로 저하시킨다.

a. 미생물을 35℃에서 16~20 시간 nutrient broth에서 전 배양한다.
b. MR-VP 배지를 만들어 cap tube에 각각 2개씩 적당량 넣어 멸균한다.
c. 멸균된 MR-VP 배지에 전 배양 균액을 백금이 접종한다.
d. 30℃ 배양기에서 5일간 배양한다.
e. Methyl-red 시약 5방울을 균액에 첨가한다.
f. Cap tube를 흔든 후 관찰한다.

C. Voges-Proskawer test

미생물이 포도당을 분해하여 acetic acid를 생성하는지 여부를 판단하는 실험.

a. 미생물을 16~20시간 nutrient broth에서 전 배양한다.
b. MR-VP 배지를 만들어 cap tube에 각각 2개씩 적당량 넣어 멸균한다.
c. 멸균된 MR-VP 배지에 전 배양 균액을 백금이 접종한다.
d. 30℃ 배양기에서 48시간 배양한다.
e. KOH 0.2mℓ, α-naphtol 0.6mℓ을 첨가한다.
f. cap tube를 흔든 후 10~15분 후에 관찰한다.

D. Citrate test

미생물이 탄소원으로 citrate를 이용하는지 여부를 조사하는 실험. 탄소원으로 sodium citrate와 질소원으로는 ammonium salt로 조성한 합성배지 이용한다. Sodium citrate 분해로 CO_2, Na+, H_2O가 발생하여 Na_2CO_3가 형성되어 pH가 상승되는 원리의 실험법이다. Brom thymol blue 지시약으로 green(acid)에서 blue(alkali)로 변색한다.

a. 미생물을 16~20시간 nutrient broth에서 전 배양한다.
b. Simmons citrate agar slants 배지을 만든다.
c. 배양된 균액을 백금이로 slants 배지에 streaking한다.
d. 35℃ 배양기에서 48시간 배양시킨 후 색의 변화를 관찰한다.

용어정리

○ **병원성대장균(pathogenic coliform bacillus)** : 병원성대장균은 젖먹이, 특히 갓난아기에게 설사를 일으키게 하는 대장균으로, 특수한 항원을 가지고 있어 혈청학적으로는, O-111 · O-55 · O-26 · O-86 · O-44 · O-112 · O-124 · O-144 · O-136 등으로 분류되며, 그 수는 점점 증가하고 있다. 이러한 병원성대장균은 콜로니의 형태나 생물학적으로 무해한 대장균과 구별이 안되고 동물실험에 의한 병원성의 확인이 어려워, 인체실험에서 비로소 병원성을 확인할 수 있다. 병원성대장균이 원인인 설사는 일반적으로는 소장염적 증세를 보이며, 때로는 적리에서와 같은 혈변과 흔히 이질변으로 알려진 점성액질의 변을 동반한 대장염 증세를 보인다.

WORK SHEET

실험일 : 200 .　　.　　.

실험자 : ______________

A. Indole test

〈준비물〉

a. Tryptophan broth

b. Kovacs' indole reagent

〈실험결과〉

미생물 종류	배지 색깔	Tryptophan 가수분해 유(+), 무(−)
E. coli		
E. aerogenes		
K. pneumoniae		
S. typhimurium		
P. vulgaris		
P. aeruginosa		
S. aureus		
B. cereus		
Control		

B. Methyl red test

〈준비물〉

a. MR-VP medium

b. Methyl-Red pH indicator

〈실험결과〉

미생물 종류	배지 색깔	Methyl red +, -
E. coli		
E. aerogenes		
K. pneumoniae		
S. typhimurium		
P. vulgaris		
P. aeruginosa		
S. aureus		
B. cereus		
Control		

C. Voges-Proskawer test

〈준비물〉

a. MR-VP medium

b. Barritt' s VP reagent

〈실험결과〉

미생물 종류	배지 색깔	VP test +, −
E. coli		
E. aerogenes		
K. pneumoniae		
S. typhimurium		
P. vulgaris		
P. aeruginosa		
S. aureus		
B. cereus		
Control		

D. Citrate test

〈준비물〉

Simmons citrate agar

〈실험결과〉

미생물 종류	미생물 성장 유(+), 무(−)	배지 색깔	Citrate 이용 유(+), 무(−)
E. coli			
E. aerogenes			
K. pneumoniae			
S. typhimurium			
P. vulgaris			
P. aeruginosa			
S. aureus			
B. cereus			
Control			

〈고찰〉

a. 대장균의 생화학적 특징에 대해 설명하세요.

b. IMViC 시험에 포함되는 실험은 무엇입니까?

c. 대장균을 위생 지표균으로 사용하는 이유는 무엇입니까?

d. Indol test의 원리는?

e. Methyl red test의 원리는?

f. Voges-proskawer test의 원리는?

g. Citrate test의 원리는?

제26과

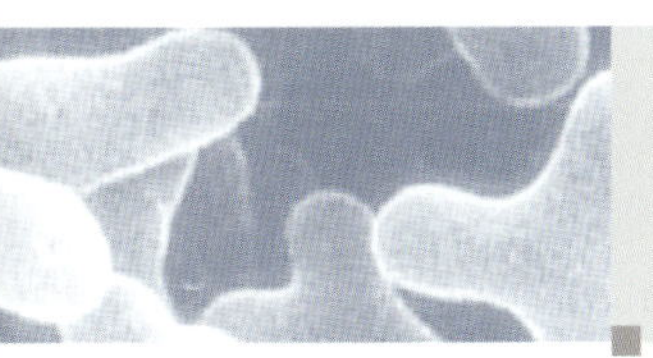

녹농균(*Pseudomonas aeroginosa*) 동정 시험

목적

병원내 감염의 주요 원인인 녹농균을 분리하고 동정하는 방법을 숙지한다

이론 및 배경

병원 내 감염의 중요한 원인균인 녹농균은 Gram 음성균이며 단모성 또는 쌍모성의 편모를 가지고 있고, 모양은 간균이며 운동성이 있는 통성 혐기성균이다. 녹농균은 다양한 항생제에 대해서 감수성이 떨어져 있어 병원 내 감염 미생물들 중 위험한 미생물이다(그림 26-1). 녹농균은 자연환경에 널리 분포하고 있으며, 배양 방법은 한천 배지로 35~37℃ 배양기에서 24~48시간 배양하면 불규칙적인 모양을 관찰할 수 있으며 색소를 생성하거나 방향족의 특이한 냄새를 낸다. MacConkey agar 배지에서 lactose을 분해하지 못하고 혈액 배지에서 β-용혈이 있으며, 불규칙한 청녹색의 집락을 형성한다. 선택배지는 naridiric acid certrimide 배지을 사용한다. 녹농균의 생화학적 특성은 lactose을 분해하지 못하므로 Triple sugar-iron agar 배지에서 음성을 나타내고, Urea test 음성, Indole test 음성, Methyl red test 음성, Voges-Proskawer test 양성, Citrate test 양성, Gelatin 액화 양성, lysine 및

〈그림 26-1〉 녹농균 (*Pseudomonas aeroginosa*)

ornitine 탈탄산 음성, arginine 가수분해 양성이며, pyocyanin을 생성한다.

실험재료

a. 검체와 균주(ATCC)

b. Blood agar plate, Nutrient agar, Brain heart infusion(BHI) broth

c. 6% blood agar, chloralhydrate agar, sodium azide agar, NaCl-free agar

d. Triple sugar-iron(TSI) agar, Phenylalanine 배지, SIM 배지

실험방법

a. 검체와 균주를 blood agar와 nutrient agar에 각각 접종한다.

- 배지에서 자란 집락 관찰

b. BHI에 접종하고 37℃ 배양기에서 배양한다.

- 발육상의 색소(fluorescence) 생성 유무 관찰

c. 6% blood agar, chloralhydrate agar, sodium azide agar와 NaCl-free배지를 반으로 각각 나누어 접종한다.

- 억제배지에서의 발육 여부와 집락 형성을 관찰

d. TSI 및 urea 배지에 접종 배양한다.

- 착색반응 관찰(H_2S 생성)과 노란색에서 분홍색으로 변하는지 관찰(urease 활성 관찰)

e. TSI에서 phenylalanine과 SIM 배지에 각각 접종한다.

- Indole 생성 유무 관찰과 운동성을 관찰

f. 당분해 배지, glucose 함유된 O-F 배지에 접종 배양한다.

- 포도당 대사가 산화적인지, 발효적인지 관찰

g. Phenylalanine 배지에 10% $FeCl_3$을 첨가하여 배양한다.

- 착색반응 관찰(phenylalanine 분해 유무 확인)

용어정리

○ **녹농균**(*Pseudomonas aeruginosa*) : 유기영양세균인 슈도모나스속의 무산소성 간균이다. 그람음성균으로 녹색색소 피오시아닌(항생물질의 일종)을 생산하는 것으로 알려져 있다. 화농균과 함께 농흉이나 중이염의 원인이 되며 녹농을 배출한다. 그러나 병원성은 그다지 강하지 않다.

WORK SHEET

실험일 : 200 . . .

실험자 : ____________

녹농균(*Pseudomonas aeroginosa*) 동정 시험

〈준비물〉

a. 검체와 균주(ATCC)

b. Blood agar plate, Nutrient agar, Brain heart infusion(BHI) broth

c. 6% blood agar, Chloralhydrate sodium azide agar, NaCl-free agar

d. Triple sugar-iron(TSI) agar, Phenylalanine 배지, SIM 배지

〈실험결과〉

실험 항목	균주 1 / 결과	균주 2 / 결과
집락 관찰 (색소, 냄새, 점액성)		
BHI 발육상		
6% blood agar		
chloralhydrate agar		
sodium azide agar		
NaCl-free배지		
TSI 배지		
SIM 배지		
Urea 배지		
O-F 반응 실험		
Phenylalanine		

〈고찰〉

a. 녹농균의 생화학적 특성에 대해 설명하세요.

b. 녹농균에 대한 선택 배지는 무엇입니까?

c. O-F 배지를 사용하는 이유는?

d. 녹농균의 운동성을 관찰할 수 있는 배지는 무엇입니까?

제27과

포도상구균(*Staphylococcus*) 동정 시험

목적

패혈증의 주요 원인인 포도상구균의 동정 시험방법을 숙지한다.

이론 및 배경

포도상구균은 사람이나 동물의 패혈증, 화농성 질환 또는 식중독의 원인균이고 건강한 사람의 비강, 인후, 피부 등 인간의 주위 환경에 널리 분포하고 있다. 포도상구균은 Gram 양성 무아포 비운동성 구균이 불규칙하게 포도송이 모양으로 배열되어 있고 호기성 또는 통성혐기성균으로 혈장응집반응이 양성이다(그림 27-1). 병원성과 관계가 있는 coagulase 생산능과 mannitol 분해능을 기준으로 하여, 두 반응이 양성이면 황색 포도상구균이고 두 반응이 음성이면 표피 포도상구균이라고 한다. 포도상구균 동정 시험법은 다음과 같다.

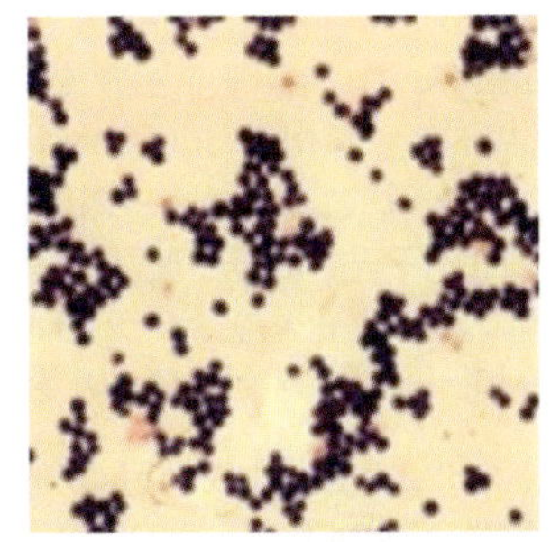
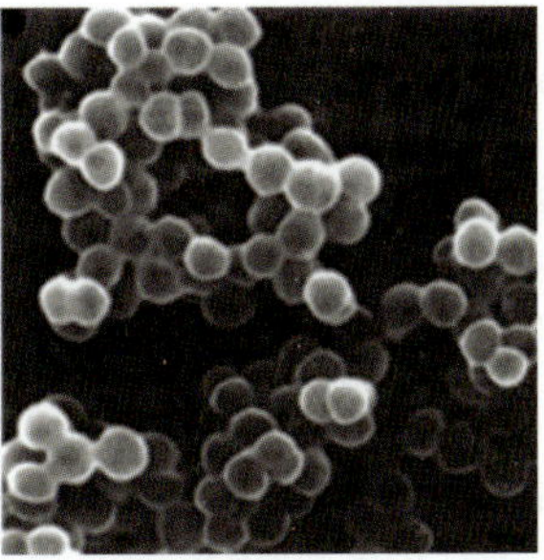

〈그림 27-1〉 포도상구균(*Staphylococcus*)

실험재료

a. Nutrient agar, blood agar, mannitol-salt agar
b. DNase 배지, O-F 배지, Phenolphthalein phosphate 배지
c. H_2O_2(30%), N-HCl
d. 검체와 균주(ATCC)

실험방법

a. 혼합균주를 nutrient agar, blood agar, mannitol-salt agar에 접종하고 37℃에서 24시간 배양한다.
   - 집락 관찰

b. Catalase 시험과 DNase 시험을 한다.
   - Catalase와 DNase 생성 유무 확인

c. O-F 배지에 천자 접종하여 배양한다.
   - 포도당 대사가 산화적인지 발효적인지 관찰

d. Phenolphthalein phosphate 배지에 접종한다.
   - phophatase 생성 유무 확인

용어정리

○ **패혈증(sepsis)** : 세균이 혈액 속에 들어가 번식하면서 그 생산한 독소에 의해 중독 증세를 나타내거나, 전신에 감염증을 일으키는 병. 원인 병소로는 중이염, 피부화농증, 욕창, 폐질환, 충치, 담낭염, 신우염, 골수염, 감염자궁 등을 들 수 있다. 그러나 화농균의 침입장소가 확실하지 않은 것도 있다. 병원균으로는 연쇄상구균, 포도상구균, 대장균, 폐렴균, 녹농균, 진균 등이 있다. 증세는 갑자기 오한 전율을 동반한 고열이 난다. 관절통, 두통, 권태감 등도 볼 수 있다. 맥박은 빈수가 미약하게 되고, 호흡이 빨라지며, 중증인 경우는 의식이 혼탁해진다.

○ **비브리오패혈증**(*Vibrio Vulnificus* Septicemia) : 비브리오균에 오염된 어패류를 생식하거나 피부의 상처를 통해 감염되었을 때 나타나는 급성 질환이다.

WORK SHEET

실험일 : 200 .   .   .

실험자 : ________________

포도상구균(*Staphylococcus*) 동정 시험

〈준비물〉

a. Nutrient agar, blood agar, mannitol-salt agar

b. DNase 배지, O-F 배지, Phenolphthalein phosphate 배지

c. H_2O_2(30%), N-HCl

d. 검체와 균주(ATCC)

〈실험결과〉

실험 항목	균주 1 / 결과	균주 2 / 결과
집락 관찰(색소, 냄새, 점액성)		
Nutrient agar 발육상		
blood agar		
mannitol-salt agar		
DNase 생성 유무		
O-F 배지		
Phenolphthalein phosphate 배지		
Catalase 생성 유무		
Gram 염색		

〈고찰〉

a. 포도상구균의 생화학적 특성에 대해 설명하세요.

b. 포도상구균에서 병원성과 비병원성을 구분하는 시험법은 무엇입니까?

c. Phenolphthalein phosphate 배지를 사용하는 이유는?

제28과

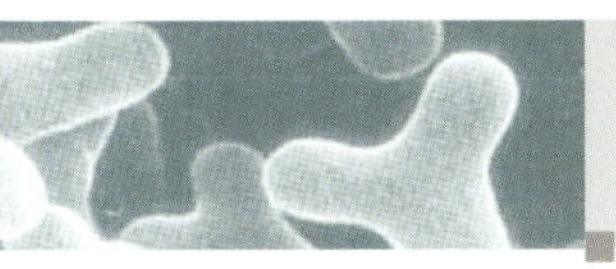

살모넬라균(*Salmonella*) 동정 시험

목적

장내 병원성 균인 살모넬라균의 동정 시험방법을 숙지한다

이론 및 배경

Salmonella 균은 사람과 동물에 감염되며 장내 병원성 균으로 혈액, 분변, 체액 등에 존재하고 자연환경에서도 흔히 존재할 수 있는 균이다. 병원성 *Salmonella* 균은 식중독, 패혈증, 장염의 원인균이다. 전 세계적으로 *Salmonella* 균은 식중독 발생의 원인균이기 때문에 살모넬라 식중독에 큰 관심이 모아지고 있다. 이 균은 Gram 음성 무아포성 간균이고 당을 분해하여 산과 가스를 발생하는 호기성 또는 통성 혐기성균으로 균체 항원, 협막 항원, 편모 항원에 의해 분류된다(그림28-1).

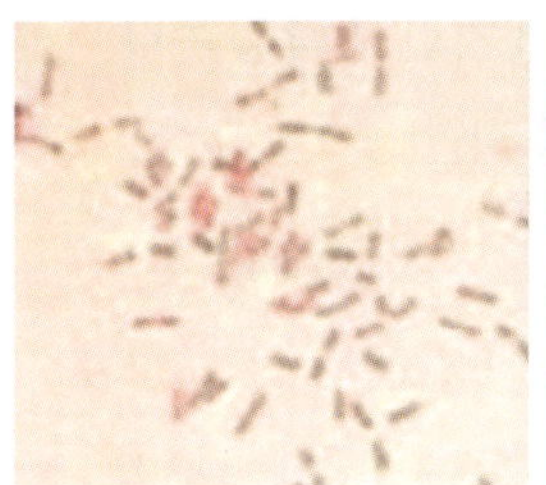
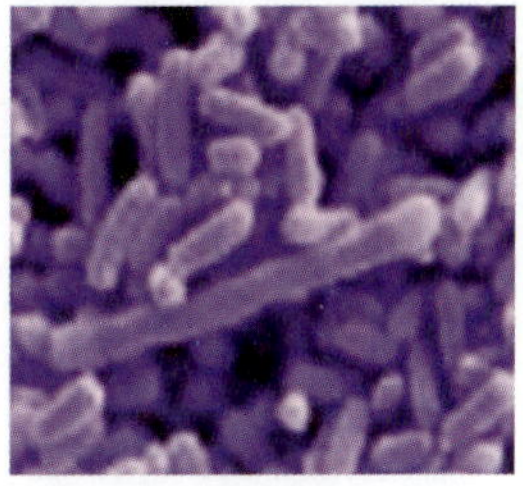

〈그림 28-1〉 살모넬라균(*Salmonella*)

실험재료

a. 검체와 균주(ATCC)

b. Tetrathionate broth, MacConkey agar, Bismuth sulfite agar,

c. Triple sugar-iron agar, SIM agar,

d. Lysine decarboxylase(L-lysine, L-arginine, L-ornithine) 배지

e. Salmonella polyvalent anti-serum, monovalent anti-area(O anti-sera : A, B, C1, C2, D, Vi와 H anti-sera : a, b, c, d, i)

실험방법

a. 검체를 tetrathionate broth 배지에 접종한다.

b. 균주를 MacConkey agar와 Bismuth sulfite agar에 접종하고 37℃에서 배양한다.

- 집락 성상 관찰

c. MacConkey agar 배지에 자란 균을 TSI와 SIM배지에 접종하고 배양한다.

- 착색반응 관찰(H_2S 생성)과 Indole 생성 유무 및 운동성 관찰

d. TSI 배지에 자란 성상에 따라 lysine decarboxylase 배지에 접종한다.

- 탈탄산효소 유무 확인

e. Polyvalent(다가)와 monovalent(단가) anti-sera에 대한 응집반응을 한다. 균액은 MacConkey agar에서 자란 집락을 쓴다.

- O-, H-형 응집반응 확인

용어정리

○ **살모넬라(*salmonella*)** : 사람이나 동물에 티푸스성 질환을 일으키고, 또 식중독의 원인균이 되는 것도 있다. 그람음성의 간균으로, 포자는 없으나 대부분은 편모가 있고 운동성을 가진다. 사람에게 티푸스성 질환을 일으키게 하는 것에는 장티푸스균, 파라티푸스 A균, 파라티푸스 B균, 파라티푸스 C균이 보통이나, 살모넬라 센다이균(*Salmonella sendai*)에 의한 티푸스도 간혹 있다. 식중독의 원인균이 되는 것은 장염균, 쥐티푸스균, 돼지콜레라균, 살모넬라-나라시노균 등이 있다.

○ **식중독(food poisoning)** : 자연독이나 유해물질이 함유된 음식물을 섭취함으로써 생기는 급성 또는 만성적인 건강장애이다. 주로 발열, 구역질, 구토, 설사, 복통 등의 증세가 나타난다. 식중독을 원인물질에 따라 분류하면 세균성 식중독, 화학성 식중독, 자연독 식중독, 미생물 독성대사물질에 의한 식중독으로 구분할 수 있다. 각 부류에 속하는 독성물질은 그 종류가 매우 많으며, 독성물질은 당장 건강을 해칠 만한 양이 아니라 하더라도 많은 식품 중에 널리 분포되어 있어서 만성중독, 발암성, 돌연변이 유발성, 기형유발성, 알레르기성 반응을 일으키는 원인이 될 수도 있다.

WORK SHEET

실험일 : 200 .   .   .

실험자 : ____________

살모넬라균(*Salmonella*) 동정 시험

〈준비물〉

a. 검체와 균주(ATCC)

b. Tetrathionate broth, MacConkey agar, Bismuth sulfite agar,

c. Triple sugar-iron agar, SIM agar,

d. Lysine decarboxylase(L-lysine, L-arginine, L-ornithine) 배지

e. Salmonella polyvalent anti-serum, monovalent anti-area(O anti-sera : A, B, C1, C2, D, Vi와 H anti-sera : a, b, c, d, i)

〈실험결과〉

실험 항목	균주 1 / 결과	균주 2 / 결과
집락 관찰 (색소, 냄새, 점액성)		
MacConkey agar 발육상		
Bismuth sulfite agar		
Triple sugar-iron agar		
SIM agar		
Lysine decarboxylase 배지		
혈청반응 O-, H-형		

〈고찰〉

a. 살모넬라균 감염에 의해서 발생되는 질환은 무엇입니까?

b. 살모넬라균의 생화학적 특성에 대해 설명하세요.

c. 살모넬라균의 혈청응집반응 실험법에 대해 설명하세요.

제29과

식품 미생물 검사법

목적

식품의 안전도 평가를 위한 미생물 오염 검사방법을 숙지한다

이론 및 배경

여러 가지 미생물 검사 시험방법으로 식품미생물을 평가하는 것은 두 가지 중요한 이유가 있다. 첫 번째 이유는 식품의 품질관리를 하기 위한 목적으로 식품의 미생물 오염정도와 식품에 이용되고 있는 유용한 미생물의 존재를 확인하는 것이다. 두 번째 이유는 어떤 식품이 병원미생물에 오염되었는가의 여부를 확인하는 것이다. 식품의 위생적인 측면에서 중요한 실험이다.

(1) 식품(통조림)에서의 미생물 검사

실험재료

a. Cooked meat 배지, glucose broth, Stap medium, selenite -F broth, 산성 식품 배지로 Tomato-glucose broth

b. 37℃와 55℃ 배양기

c. 멸균된 pasteur pipettes

실험방법

a. 식품시료가 포장되어 있는 경우에는 개봉부위 바깥쪽을 알코올 솜으로 충분히 닦아 내고 화염멸균을 하는 등의 방법으로 무균처리한다.
b. 시료 채취는 재료의 형상에 따라 달리한다.
c. 통조림의 경우 하나는 따지 않은 채 37℃에서 또 다른 하나는 55℃에서 3일간 배양한다.
d. 만약 검사 식품이 산성인 것은 실온에서 10일간 보관한다.
e. 식품(통조림)에 이상이 없는지 계속 관찰한다.
f. 식품 일부를 적합한 배지에 접종 배양한다.
g. 식품이 지나치게 견고하면 멸균 증류수에 희석하여 배양하는 것이 좋다.
h. 세균 발육 현상이 발생하면 미생물 동정을 실시한다.
i. 식중독 원인균 존재 여부를 판단한다.

(2) 어패류와 갑각류에서의 미생물 검사

실험재료

a. 어패류나 갑각류
b. MacConkey agar 배지
c. Cylinder, 멸균식염수, 시험관

실험방법

a. 어패류나 갑각류의 살을 무균적으로 채취하여 잘게 썬다.
b. 200㎖ 짜리 cylinder에 100㎖ 눈금까지 되도록 살을 넣는다.
c, 멸균 식염수로 200㎖가 되도록 세운 다음 완전히 진탕한다.
d. 20분간 실온에 방치한 후 상층액 1㎖를 2㎖ MacConkey 배지와 섞는다.
e. 배지가 응고되기 전에 시험관 내벽 주위에 배지와 검체 혼합액이 고루 붙도록 돌린다. 완전히 응고된 다음 44℃에서 하룻밤 배양한다.

f. 다음날 lactose 분해 균 집락을 counting 한다.

g. 집락의 수가 5개 미만일 때 먹을 수 있고, 5~15개일 때 의심스러운 식품으로, 그리고 15개 이상일 때는 먹을 수 없는 것으로 판정한다.

h. 병원성미생물이 의심스러울 때에는 미생물 동정을 실시한다.

(3) 갑각류(어패류) 청결도 검사법

실험재료

a. 조개류

b. 멸균 조개칼, 멸균 비이커

c. MacConkey broth, glucose broth, litmus milk 배지

실험방법

a. 조개류를 무균 증류수로 깨끗하게 솔로 씻는다.

b, 멸균 조개칼(oyster knife)로 조개를 무균적으로 연다.

c. 조개 속에 든 액체와 살을 멸균 비이커에 받는다. 이때 액체를 흘리지 않도록 해야 한다.

d. 조갯살을 잘게 썰어 액체와 혼합한다.

e. 0.2㎖의 위 혼합액을 보통 MacConkey broth (single strength)에 접종 배양한다.

f. 0.2㎖의 검체를 glucose broth에도 접종한다.

g. 1㎖씩은 litmus milk 배지에 접종하여 44℃에서 24시간 배양한다.

h. 세균 발육 현상이 관찰되면 미생물 동정을 실시한다.

용어정리

○ **식중독 원인균(food poisoning bacteria)** : 식중독의 대부분은 세균에 의하여 생기는 세균성 식중독으로서, 여기에는 살모넬라, 장비브리오, 웰치균, 병원대장균에 의한 감염형 식중독과 포도상구균, 보툴리누스균이 생성한 독소에 의한 독소형 식중독이 있다.

WORK SHEET

실험일 : 200 . . .

실험자 : ____________

(1) 식품(통조림)에서의 미생물 검사

〈실험결과〉

(2) 어패류와 갑각류에서의 미생물 검사

〈실험결과〉

(3) 갑각류(어패류) 청결도 검사법

〈실험결과〉

〈고찰〉

a. 식품미생물을 평가하는 이유를 설명하세요.

b. 식품미생물 평가 시 MacConkey 배지를 쓰는 이유는?

c. 식중독 원인균에 대해 설명하세요.

d. 통조림 미생물 검사 시 사용하는 배지는 무엇입니까?

미생물 실험을 마치면서

미생물실험은 교수와 학생 모두에게 엄청난 끈기와 성실성을 요구하는 과목이다.
특히 기초와 응용까지 한학기내에 총망라되어야 하기 때문에
그만큼 서로간에 준비할 내용과 실험후 보고할 사항이 많은 과목이다.
따라서 자칫하면 요즈음 젊은 학생들이 끈기와 흥미를 잃을 수 있는데
그럼에도 불구하고 항상 학생들로 부터의 feedback을 통하여
지속적인 업그레이드를 해야 할 것이다.
교수는 한학기 강의를 마치면서, 학생은 한학기 수업을 마치면서
교재와 교수법, 실험재료, 조별 편성, 성적평가 방법 등에 대한 고찰을
서로 해 볼 필요가 있다 이러한 요소들을 바탕으로
다음학기에는 더욱 향상된 실험을 구성하고 준비할 수 있도록 한다.

교 재	
교 수 법	
실험기기	
실험재료	
조 편 성	
보고서평가	
성적평가	
조교활용	
기 타	

용액 및 배지

용 액

Gram 시약

염색제 :	crystal violet	2g
	95% ethanol	20ml
	ammonium oxalate	0.8g
	DW	80ml
착색제 :	iodine	1g
	potassium iodide	2g
	DW	300ml
탈색제 :	95% ethanol	95ml
	DW	5ml
대조염색제 :	safranin O	0.25g
	95% ethanol	10ml
	DW	100ml

Gel loading dye – (10X)

50% glycerol
0.1M EDTA
0.3% bromophenol blue
0.3% xylene cyanol

Gel loading dye – (10X)

25% Ficoll(type 400)
0.1M EDTA
0.3% bromophenol blue
0.3% xylene cyanol

Gluconate oxidation 시험

1. Gluconate broth에 세균을 접종 2일간 배양한 후
2. 1㎖의 Benedict 정량 시약을 첨가하여 10분간 끓인다.
3. 양성반응 : Orange 색 침전

Kovacs indole reagent

p-Dimethylaminobenze aldehyde	10g
Amyl or isoamyl alcohol	150mℓ
HCl	50mℓ

Lysis buffer

50mM Glucose
10mM EDTA
25mM Tris-HCl(pH 8.0)

TAE buffer(1X)

0.04M Tris-acetate
0.001M EDTA

TAE buffer (50X)

Tris-base	242g
Glacial acetic acid	57.1ml
0.5M EDTA(pH 8.0)	100ml

TBE buffer(0.5X)

0.045M Tris-borate
0.001M EDTA

TBE buffer(5X)

Tris base	54g
Boric acid	27.5g
0.5M EDTA(pH 8.0)	20ml

TE buffer

0.01M Tris-HCl(pH 8.0)
1mM EDTA

TES buffer

20mM Tris-HCl(pH 7.5)
10mM NaCl
0.1mM Na_2EDTA

❑ 배 지

Bennet s agar

Glucose	10g
Yeast extract	1g
Bacto-peptone	2g
Beef extract	1g
Agar	20g
DW	1 ℓ

Bismuth sulfite agar

Beef-extract	5g
Peptone	10g
Dextrose	5g
Disodium phosphate	4g
Ferrous sulfate	0.3g
Bismuth sulfate indicator	20g
Agar	20g
Brilliant green	0.025g
DW	1 ℓ

Brain Heart infusion broth

Nutrient substrate	27.5g
(brain extract, heart extract and peptones)	
Disodium hydrogen phosphate	2.5g
Sodium chloride	5g
D(+) glucose	2g
Sodium polyanethol sulfonate(SPS)	0.25g
DW	1 ℓ
pH 7.4	

Chitin agar

Chitin	4g
K_2HPO_4	0.7g
KH_2PO_4	0.3g
$MgSO_4$ $7H_2O$	0.5g
$FeSO_4$ $7H_2O$	0.01g

$ZnSO_4$ $7H_2O$	0.001g
$MnCl_2$ $7H_2O$	0.001g
Agar	20g
DW	1 ℓ
pH 8.0	

Chloral hydrate-Sodium azide agar

Beef extract	3g
Tryptone	10g
Sodium chloride	5g
Sodium azide	0.2g
Agar	15g
DW	1 ℓ
멸균 후 Blood	5 %

Cooked meat broth

Horse meat, fat-free and minced	450g
DW	1 ℓ
1시간 끓인 다음 여과한 후	
Peptone	10g
NaCl	5g
pH 8.4로 맞추어 다시 끓인다. 다시 여과 후	
Sodium thioglycollate 45% sol.	1㎖

Desoxycholate agar

Peptone	10g
Lactose	10g
Sodium dexoxycholate	1g
Dipotassium phosphate	5g
Ferric citrate	1g
Agar	15g
Neutral red	0.03g
DW	1 ℓ

DNase agar

Desoxyribonucleic acid	2g
Trypticase	15g
Phytone	5g
Sodium chloride	5g
Agar	15g
DW	1 ℓ
Mannitol	10g
Bromthymol blue	0.025g

DNase 시험

1. DNase media에 균을 접종 후 배양
2. N-HCl 을 떨어뜨려 맑아지면 : + 반응
   혼탁하면 : - 반응

Gluconate broth

Peptone	1.5g
Yeast, extract	1g
K_2HPO_4	1g
Potassium gluconate	40g
DW	1 ℓ
pH 7.0	

Glycerol-arginine agar

L-asparagine	1g
Glycerol	10g
K_2HPO_4	1g
$FeSO_4$ $7H_2O$	0.001g
$MnCl_2$ $7H_2O$	0.001g
$ZnSO_4$ $7H_2O$	0.001g
Agar	20g
DW	1 ℓ

Heart infusion agar

Beef heart infusion	500g
Tryptose	10g
Sodium chloride	5g
Agar	15g

DW	1 ℓ
pH 6.8~7.3	

Hugh and Leifson O-F semi-agar

Peptone	2g
Sodium chloride	5g
K_2HPO_4	0.3g
Agar	3g
DW	1 ℓ
Bromthymol blue, 0.2% solution	15mℓ
Carbohydrate	10g

Humic acid-vitamin agar medium

Humic acid	1g
Na_2HPO_4	0.5g
KCl	1.71g
$MgSO_4$ $7H_2O$	0.05g
$FeSO_4$ $7H_2O$	0.01g
$CaCO_3$	0.02g
DW	1 ℓ
Vitamin solution *	

* Vitamin solution contains 0.25mg each of thiamine-HCl, riboflavin, niacin, pyridoxin-HCl, inositol, Ca-pantothenate, p-aminobenzoic acid, and 0.25mg of biotin

Koser citrate medium

Sodium Ammonium phosphate	1.5g
Monopotassium phosphate	1g
Magnesium sulfate	0.2g
Sodium citrate	3g
DW	1 ℓ

LB Broth

Bacto-tryptone	10g
Yeast extract	5g
NaCl	10g
DW	1 ℓ
pH 7.0	

L-Lysine, Ornithine Arginine 배지

Falkow

Peptone	5g
Yeast extract	3g
Glucose	1g
DW	1 ℓ
Bromcresol purple, 0.2% solution	10mℓ
L-arginine hydrochroride	0.5% (5g)
L-lysine hydrochroride	0.5% (5g)
L-ornithine hyddrochroride	0.5% (5g)
pH 6.7	

MacConkey agar

Peptone	17g
Proteose peptone	3g
Lactose	10g
Bile salts No.3	1.5g
Sodium Chloride	13.5g
Agar	0.03g
Neutral red	0.03g
Crystal violet	0.01g
DW	1 ℓ

Malonate-phenylalanine 배지

$(NH_4)_2SO_4$	2g
KH_2PO_4	0.6g
K_2HPO_4	0.4g
Sodium Chloride	2g
Sodium malonate	3g
D L-phenylalanine	2g
Yeast extract	1g
DW	1 ℓ
Bromthymol blue 0.2% solution	12.5 ℓ

Meat extract agar

Peptone	10g
Sodium chloride	5g
Beef extract	3g

Agar	15g
DW	1 ℓ

MRS broth

Peptone	10g
Yeast extract	5g
Glucose	20g
K_2HPO_4	2g
Sodium acetate	5g
Triammonium citrate	2g
$MgSO_4$ $7H_2O$	0.2g
$MnSO_4$ $4H_2O$	0.05g
Tween 80	1ml
DW	1 ℓ
pH 6.8	

MR-VP medium

Peptone	1g
Dipotassium phosphate	5g
Dextrose	5g
DW	1 ℓ

Mueller-Hinton agar

Beef infusion	300g
Casein acid hydrolysate	17.5g
Starch	1.5g
Agar	17g
DW	1 ℓ
pH 7.2~7.4	

Simmons citrate agar

Magnesium sulfate	0.2g
Monoammonium phosphate	1g
Dipotassium phosphate	1g
Sodium citrate	2g
Sodim chloride	5g
Agar	15g
Bromthymol blue	0.08g

Staphylococcus agar medium No. 110

Yeast extract	2.5g
Tryptone	10g
Gelatin	30g
Lactose	2g
Mannitol	10g
Sodium chloride	75g
Dipotassium phosphate	5g

Starch-casein-KNO_3 agar

Soluble starch	10g
Vitamine free-casein	0.3g
KNO_3	2g
NaCl	2g
K_2HPO_4	2g
$MgSO_4$ $7H_2O$	0.05g
$CaCO_3$	0.02g
$FeSO_4$ $7H_2O$	0.01g
Agar	20g
DW	1 ℓ
pH 7.0	

Thioglycollate agar

Yeast extract	5g
Casein peptone	15g
Dextrose	5.5g
Sodium chloride	5g
Sodium thioglycollate	0.5g
L-cystine	0.5g
Thioglycollic acid	0.5g
Hemin	0.005g
Sodium polyanethol sulfonate	0.25g
Agar	15g
DW	1 ℓ
pH 7.1	

Tomato glucose agar

Peptone	15g

Glucose	20g
Yeast extract	6g
Tomato juice	100g
Agar	9g
DW	1 ℓ
pH 5.0	

Trypticase soy broth

Casein peptone	17g
Soy peptone	3g
Dipotassium phosphate	2.5g
Sodium chloride	5g
Dextrose	2.5g
Sodium polyanethol sulfonate	0.25g
DW	1 ℓ
Trypticase Soy broth	
pH 7.12	

Tryptose phosphate broth

Tryptose	20g
Glucose	2g
Sodium chloride	5g
Disodium phosphate	2.5g
pH 7.3	

Xyloise lysine desoxycholate (XLD) agar

Xylose	3.5g
Lysine	7.5g
Sucrose	7.5g
Sodium chloride	5g
Yeast extract	3g
Phenol red	0.08g
Sodium desoxycholate	2.5g
Sod. thiosulfate	6.8g
Ferric ammonium citrate	0.8g
Agar	13.5g
DW	1 ℓ
pH 7.4	

찾아보기

INDEX